U0394733

序

最近我看到由植物学家杨晓洋先生编写的一关于水果的著作《东南亚水果猎人》，看完后首先我想到由雌蕊子房形成的果实是植物界演化水平最高的类群有花植物的主要特征之一，花器官和果实的出现使有花植物能排挤出裸子植物和蕨类植物成了世界植被的优势群；另一方面，花个科和一万四千个属。果实在有花植物演化中有如此重要的作器官和果实形态构造的强度分化形成了有花植物的约四百用。因此，对于任何有关果实研究的著作都值得重视。在果实中，演化水平较高的肉果由于含有果糖等糖分，多可用来作为水果。我国常见的水果有蔷薇科的核果（桃、杏、李等）、梨果（苹果、海棠、梨、山楂等）、聚合瘦果（草莓）和聚合核果（悬钩子）、葡萄科（葡萄）、猕猴桃科（猕猴桃）、茄科（番茄）和柿树科（柿）的浆果，芸香科（橘、甜橙、柚、柠檬等）的柑果、桑科（桑椹）的聚花果。在云南、广西和广东的南部，以及海南热带地区产香蕉（芭蕉科）、凤梨（菠萝）（凤梨科）、芒果（漆树科）、番石榴（桃金娘科）、番木瓜（番木瓜）和波罗蜜（桑科）。《东南亚水果猎人》收载19科，37种水果，其中国人熟悉的有5种：甜瓜、番木瓜、芒果、椰子、荸荠。此外，在我国热带地区有分布的也有5种：大花紫玉盘、水东哥、圆果杜英、槟榔、黄藤。其他27种则均分布于东南亚或其他洲热带地区。在19科中，只有1科是有花植物的原科，即番荔枝科（4种：刺果番荔枝、米糕果、香波果、大花紫玉盘）；较原始的也有1科，即五桠果科（1种：菲律宾五桠果）；进化的科有天南星科、莎草科和凤梨科（均有1种）。其他的科均是演化水平中等或较高的科：仙人掌科3种、葫芦科和漆树科均4种、棕榈科8种、猕猴桃科、藤黄科、杜英科、木棉科、番木瓜科、柿树科、橄榄科、夹竹桃、紫葳科和石蒜科等10科均1种。从上述我国水果所隶属的诸科和东南亚水果所隶属的诸科一相比较，可见是小同大异。杨晓洋先生这部著作将使国人能了解我国东南热带邻国的水果，需得到不少知识。在本书介绍水果时，除文字外，还载出大量关于果实、种子、花、植株和叶的照片，这对了解水果果实等的形态很有帮助。作者在历史等方面的知识广泛，在文中讲了不少典故和历史故事的，加上文字生动和伴有一些东南亚城市的水果商店或水果售货摊和一些山区热带雨林景观等方面的照片，这时，随着作者的娓娓叙述，仿佛带着你来到了12个热带邻国游历了一番，并在"游历"中获得了有关热带水果的知识，使本书达到了普及植物学知识效果境地。因此，在此我想对本书作者在进行科普创作上付出的努力表示衷心敬意和祝贺，并望本书尽早问世，为广大群众所用。

王文采

2018年4月7日

序 言

王文采院士亲笔序

最近我看到由植物学家杨晓洋先生编写的，关于水果的著作《东南亚水果猎人——不乖书生与水果的热恋之旅·初识》（下文简称《东南亚水果猎人》），看完后首先我想到，由雌蕊子房形成的果实是植物界演化水平最高的类群——有花植物的主要特征之一，花器官和果实的出现使有花植物能排挤出裸子植物和蕨类植物成了世界植被的优势群；另一方面，花器官和果实形态构造的强度分化形成了有花植物的约400个科和14000个属，果实在有花植物演化中有如此重要的作用，因此，对于任何有关果实研究的著作都值得重视。

在果实中，演化水平较高的肉果由于含有果糖等糖分，多可用来作为水果。我国常见的水果有蔷薇科的核果（桃、樱桃、杏、李等）、梨果（苹果、海棠、梨、山楂等）、聚合瘦果（草莓）和聚合核果（悬钩子），葡萄科（葡萄）、猕猴桃科（猕猴桃）、茄科（番茄）和柿树科（柿）的浆果，芸香科（橘、甜橙、柚、柠檬等）的柑果，桑科（桑葚）的聚花果。在云南、广西和广东的南部，以及海南热带地区产香蕉（芭蕉科）、凤梨（菠萝）（凤梨科）、芒果（漆树科）、番石榴（桃金娘科）、番木瓜（番木瓜科）和波罗蜜（桑科）。《东南亚水果猎人》收载了其中的19科，37种水果，其中，国人熟悉的有5种：甜瓜、番木瓜、芒果、椰子、荸荠。此外，在我国热带地区有分布的也有5种：大花紫玉盘、水东哥、圆果杜英、槟榔、黄藤。其他27种则均分布于东南亚或其他洲热带地区。在19科中，只有1科是有花植物的原始科，即番荔枝科（4种：刺果番荔枝、米糕果、香波果、大花紫玉盘）；较原始的也有1种，即五桠果科（1种，菲律宾五桠果）；进化的科有天南星科、莎草科和凤梨科（均有1种）。其他的科则均是演化水平中等或较高的科：仙人掌科3种、葫芦科和漆树科均有4种、棕榈科8种，猕猴桃科、藤黄科、杜英科、木棉科、番木瓜科、柿树科、橄榄科、夹竹桃科、紫葳科和石蒜科等10科均1种。综上所述，我国水果所隶属的诸科和东南亚水果所隶属的诸科一相比较，可见是小同大异。

　　杨晓洋先生的这部著作能使国人了解我国东南热带邻国的水果，同时还能学到不少知识。本书在介绍水果时，除文字外，还载出大量关于果实、种子、花、植株和叶的照片，这对了解水果果实等形杰很有帮助。作者在历史文化等方面的知识广博，在文中讲了不少典故和历史故事，再加上文字生动并伴有一些东南亚国家城市的水果商店或水果售货摊及一些山区热带雨林景观等方面的照片，随着作者的娓娓叙述，仿佛带着读者来到了几个热带邻国游历了一番，并在"游历"中获得了有关热带水果的知识，使本书达到了普及植物学知识的效果，在此我想对本书作者在科普创作领域付出的努力表示衷心的敬意和祝贺，并望本书尽早问世，为广大群众所用。

王文采

中国科学院院士

2018年4月7日

前 言

没有哪种语言，
比水果更甜蜜

苹果

　　从小在北方的小农村长大，我非常喜欢植物，喜欢观察野花野草，喜欢把野花从田野里挖回家种，观察它们的生长变化，一时间竟然带动了村里一大拨男孩争相比赛谁种得多，这热情连女孩子们都叹为观止。当时最熟悉的水果是苹果，外婆总舍不得吃，给我放在存放棉被的柜子里，从中秋可以一直放到过年，从脆甜多汁逐渐变得沙软芬芳。一直到现在，我都觉得外祖母削下来的果皮香过世间所有好吃的东西。曾经有非常喜欢吃的一个苹果品种叫黄香蕉，黄色的果皮，香气十足，捧在手心里可以嗅上半天不舍得吃，那个时候看到谁家吃了什么南方水果都会很羡慕。

　　我小时候的愿望是当科学家，和其并列的一个愿望就是：哪一天可以香蕉吃到饱。结果这么多年，吃香蕉这个愿望早就实现了，科学家还没当上，每次想起都禁不住自嘲一番。

　　后来到了县城念高中，学校旁边就有不少花店，店里有很多从南方批发过来的植物，什么红掌、鸿运当头、鸭掌木，等等，一个新的世界向我招手，一

红掌是个园艺名，它的中文正式名叫
花烛（*Anthurium andraeanum*）

这种植物园艺名叫鸿运当头，后来才
知道是星花凤梨（*Guzmania lingulata*）

有时间就从学校往花店跑，跑得多了，和花店的老板熟悉了，认了我做干弟弟，早期学到的植物很多是干姐姐所教，当然，那些花店里的植物现在知道了都是常见的园艺植物的名字，但启蒙之恩，未曾敢忘。高考之后，我拿到了国内大学的录取通知书，同时，摆在面前的还有赴新加坡的留学机会，在二者之间我没怎么犹豫，就选择了新加坡。那个时候，新加坡早已作为花园国家闻名全球。听到这个名字我忍不住激动，那得有多少花花草草可以看！

刚到新加坡，在出租车上我目不转睛地望着一排排向后快速倒退的花草树木，眼花缭乱地让人异常兴奋。新加坡交通秩序很好，大小车辆各行其道，出租车过红绿灯都不需要减速，车速太快就看不清路边的植物，那个时候竟然觉得等红灯也是一种奢侈的小幸福。没多久，我就适应了学校的生活，新加坡的学习相对高中的埋头苦战轻松很多，有大把的时间可以自己把控，于是新加坡的植物园、花园、保护区里面开始频繁地出现一位来自中国北方小伙儿的足迹。使用的拍照工具，从最初的手机，渐渐到卡片相机再到后来

新加坡植物园是世界上首个被列入文化遗产名录中的热带植物园

的单反相机，几年时间，我用它们拍了30多万张照片。每当遇到不认识的植物，我就在网络上向网友们求助，渐渐地，新加坡已经很少有不认识的植物了。于是，探索领域就从新加坡转向其周边的国家，马来西亚、印度尼西亚、泰国是我最喜欢也最经常去的国家，这些国家有着丰富的原始森林。还记得第一次深入婆罗洲深处，到处都是不认识的植物，这些都让我流连忘返，很多奇特的种类，一次一次更新着我对植物的认知层次，很多植物连科

都鉴定不了，有些最多只能鉴定到属，后来才知道，这其中不乏新种，想要发表也并非易事，需要对整个类群都非常熟悉，估算了一下工作量，没个几年压根别想整明白，有些类群甚至可以研究一辈子。后来在从雨林回到城市的路上，第一次近距离看到了伐木现场，一棵棵参天大树在很短的时间内被锯倒，截成几段后运出雨林，留下一地狼藉，眼睁睁地看着大自然惨遭屠戮，却只能目睹这一切的发生，那种无力感痛彻心扉。后来才知道伐木的破坏算是轻的，印度尼西亚那边

婆罗洲发现的果实纤细如手指的手指蕉（*Musa lawitiensis*）

流行烧芭，一把大火，整片森林付之一炬，由此产生的雾霾可以在远处的新加坡上空蔓延一个月而不散。很多人只是在抱怨雾霾带来的不便，却很少有人真正意识到呼吸的不是雾霾，而是雨林植物的尸体的碎片。从那个时候起我就立志要为植物为雨林做点什么，后来华南植物园递出了橄榄枝，于是就回国做起了东南亚植物引种保育工作。

刚回到广州的时候，一个朋友送了我一本书——《水果猎人》，这本书开启了我对水果的认知，书中描述了很多没有听说过的水果，美中不足是没有图片，也没有对应的拉丁学名。那时我想如果能写一本有图片、拉丁学名、品尝体验的东南亚水果书就会更好了。从那个时候起，我就开始留意在工作过程中遇到的水果，但有很多水果拍回去鉴定的时候才发现，要把这些水果的档案建立起来并不是那么容易，有关东南亚水果比较准确而且齐全的植物图鉴几乎没有。

绢毛悬钩子（*Rubus lineatus*）的果实

东南亚地区地处热带，降雨量充足，植物多样性非常丰富，是很多植物类群的分布中心，很多常见的野生水果比如芭蕉、榴莲、山竹，等等，在东南亚的分布异常丰富。东南亚还有不少高山，山顶气候凉爽，适合亚热带生长的水果在这些高山上也可以找到一些，比如杜鹃花科、蔷薇科的水果。婆罗洲的生物多样性可以跟亚马逊雨林有一拼。东南亚本土本身就拥有非常丰富的水果资源，同时，还从世界其他热带、亚热带地区引种种植了

沙巴神山海拔4000米左右的位置还生长着绢毛悬钩子（*Rubus lineatus*），果实清凉甜口

一些值得发展的水果资源，比如番荔枝科、凤梨科、山榄科的水果等，因为引种时间比较长了，发展到现在，很多当地人从心底已经把这些水果默认为当地的"特产"。如果能有一本本土的图鉴可以把这些东南亚常见的水果系统地梳理一遍，区分本地品种和外来品种对于当地水果研究，或许会更加有意义。

米糕果（*Rollinia mucosa*）

在野外考察的时候，我每次吃到新奇的水果时都特别兴奋，那种惊喜和兴奋很难用语言描述，在跟这些水果相遇的时候通常还会同时遇到一些有趣的人或者事儿，如果能把这些千奇百怪的奇葩水果和有趣的人和事都集合整理一下，相信会有更多的人感兴趣从而加入"水果猎人"的行列中。

后来，中国农业出版社的编辑找到我，想请"书生植物分类群"的科普达人写一系列的原创植物科普书，我们召集了一帮有志于此的小伙伴们投入到此系列科普书的创作中，我自己写一本有关东南亚水果的科普书。

在写作过程中，我深深感到了科普创作的不容易，文字需要通俗易懂又足够专业性，马虎不得。图片方面就更难了，终于体会到什么叫做"图到用时方恨少"，没有遇到过的水果倒还好说，气人的是那些遇到过吃过也拍过的，找到图片要用的时候才发现拍糊了，需要重拍。要知道，拍野生水果是没有那么容易的，有时候千里迢迢跑过去，发现果实还没有成熟或者没花没果。另外，也有可能刚好错过了季节，一个果实都没有，再遇到只能再等一年。有的图片拍了，果子也吃了，就是忘记味道了，写的时候不知道怎么描述，这就尴尬了。就这样，我一面列好提纲，打好框架，一边写文字，一边补拍照片，一边整理之前的照片，一边还要跟编辑汇报进度，经过了将近两年，这本书才初具雏形。

这本书主要分成两个部分，第一部分是简要阐述水果跟人们的日常生活之间的联系。第二部分就是重头戏：水果篇。这个部分每一小节以一种水果为主角，以我对这种水果的"猎寻"认知过程为主线，尽可能流畅地把这种水果有趣的部分展现在各位读者面前。每小节在开头会放上该主角的小档案来简单介绍它的学名、科属、中文名、主要特征、产地等信息。在文末，会呈现相关的水果图片，有些是展示这种水果不同角度的，有些是展示这种水果的近缘亲属的，一般会选择同属的植物，以及容易混淆的一些植物来介绍给大家。相关物种一般会标注准确的拉丁学名。不易出现歧义的则用缩写形式，也可以在中国自然标本馆网站搜索中文名，得到对应的拉丁学名、异名、别名等信息。

在分类系统的选择上，本书主要采用恩格勒系统①，但在个别科的处理上会有所改动。比如在恩格勒系统中，夹竹桃科和萝藦科是分开的两个科，而在APG分类系统②里面，这两个科作了归并处理：萝藦科

萝藦科夜来香（*Telosma cordata*）的花就有典型的夹竹桃科花5瓣、螺旋排列的特征

是夹竹桃科下面的一个亚科。本书选择APG系统的处理，把它们作为一个科来处理还有一个原因，那就是两个科植物通常都是有毒的，两个科合在一起，能吃的水果依然很少，放在一起作为一个小节介绍可能会更加容易让人

---

① 恩格勒分类系统是由德国著名植物学家恩格勒（A. Engler）和柏兰特（R. Prantl）于1897年在《植物自然分科志》一书中发表的，是分类学史上第一个比较完整的自然分类系统。

② APG分类法是1998年由被子植物种系发生学组（APG）发表的一种对于被子植物的现代分类法。

接受。

小节的编排上，以科的拉丁学名首字母顺序排序。一些比较大的科，比如番荔枝科、棕榈科等，一个小节写不完，就分成了几个小节来分开介绍，小节的排序通常也是根据属拉丁学名的首字母进行排序。

东南亚植物资源非常丰富。在植物分类学领域，目前仍然有很多植物尚未被学术界正式发表，很多植物类群没有被研究透彻，因此它们的标本很多都躺在东南亚的各大植物标本馆里面，等待着植物学家们来分别给它们一个统一的拉丁学名。在当地土著日常生活领域，也并不是每种接触到的植物都有一个统一的当地俗名，因此当地生活的华人很难有一个统一的中文名来称呼它们，这就需要给它们逐个拟定一个合适的中文名，助力中华文化在东南亚的传播和发扬。

在给没有中文名的植物拟名的时候，需要参考多方面的因素来综合拟定。常见的考虑因素有：种加词的拉丁文含义、形态特征、当地俗称、相关故事，等等。水果在拟中文名的时候还要考虑到大众的使用习惯，即使很科学严谨地拟一个很专业的名字，如果不便于记忆和传播，最后也会被大众习惯给抛弃，笔者眼中最好的植物中文名字当以简洁易读、实用明了为主。比如"榴莲"这个名字，就是早期接触到这种水果的华人根据当地马来西亚文音译过来的，榴莲树是大乔木，具体写的时候准确来讲应该是"榴楗"，应该是"木"字边，而不是"莲花"的"莲"，但对于大众而言，怎么方便怎么来，哪个用着舒服就用哪个，时间长了，也就成为了通用词语。语言和文字归根到底还是要用的。本书中也对一些中文名字比较怪异的水果进行了拟定和规范，这些水果有些是当地的，有些是其他地区引进的，在进入华人的认知领域的时候，并没有任何华文的参考信息，也可能没有相应

豆沙果（*Bunchosia armeniaca*）

的植物学家进行规范，因为那时我们中国的植物学文化可能还没有进入这些领域。所以，早期出现一些比较冗长怪异的名字的概率就会比较高。典型的代表比如豆沙果（*Bunchosia armeniaca*），这是一种来自美洲的水果，之前的别名叫"杏黄林咖啡""文雀西亚木"等，名字并不是很容易记忆，而且容易误导读者，以为是某种"咖啡"，或者来自"西亚"的植物。笔者根据果肉颜色和口感都特别像红豆沙这一特征而提议叫"豆沙果"，有机会吃到这种果实的朋友无不赞同。

在此之前，相信肯定有不少接触到这些没有中文名信息的植物前辈们已经多多少少给这些植物起过中文名字，但因为早期信息闭塞，信息流通不像如今这样方便，很多名字并没有流传开来，笔者在起名字的时候也会尽量尊重和沿用一些之前出现过的中文名字，经过多方面考虑和审定，最后将所拟定的中文名更新到互联网上的中国自然标本馆（www.cfh.ac.cn简称CFH）网页上，供植物界的前辈及同仁参考。需要参考植物中文名信息的读者可以去CFH或者多识植物百科（http://duocet.ibiodiversity.net/）查询。

在每个小节，水果小档案的部分，笔者添加了一项"推荐指数"，方便读者接触到这种水果的时候作参考，决定是否试吃。在选择水果的时候，笔者会根据植物学中一般

世界番荔枝小组成员在国内考察，发现了瓜馥木（*Fissistigma oldhamii*）成熟的果实

常见的一些能吃的类群结合当地人的饮食文化习惯来进行选定，都是经过亲身体验后觉得安全的水果，但每个人的体质不同，对不同水果所含化学物质的敏感程度也不同，比如很多人给笔者推荐番荔枝科瓜馥木属的水果，笔者听

瓜馥木看着就很好吃，很多人欣然品尝，然而我吃了以后嗓子感觉被针扎了

着名字就觉得好吃，然而真正试吃以后才发现会过敏，试吃一点就很扎嗓子，难受半天。因此不同水果的体验会因人而异。

笔者之所以吃了这么多野生水果还依然安全，当然有自己的一些准则。

第一，在试吃这种果子之前，要确定这种植物是什么。知道它的科属以及准确的分类学位置。近缘关系的亲属之间如果有常见的水果的话，这种果实可以吃的概率就会高很多。如果这个科或者这个属绝大多数植物都是有毒的，那还是别冒险了，"神农尝百草"之前已经无数"神农"倒在了第九十九种毒草手上。盲目尝百草的时代已经过去了，现代植物分类学和植物化学的发展，会帮助人类越来越清晰地看清楚植物的本质。

第二，在试吃这种果实之前，要考察当地人的饮食文化，他们经常吃的水果，我们吃问题不会太大，虽然也有可能因为肠道菌群不习惯产生腹泻，但不致于食物中毒。如果当地人从来不吃的果实，那吃之前还是要三思，找到可以吃的依据。

第三，即使确定这种野果八九不离十可以吃的时候，也要看清楚果实上面有没有明显的虫洞，一定要遵循少量试吃的原则，用舌尖轻触果汁，然后吐掉，无需下咽，大约半小时后依然平安无事，可以稍微吃一小口然后观察，一般品尝下味道即可。为避免吃下寄生虫后，虫体在体内成活，回归城市以后及时服用广谱驱虫剂。

著者

2018年4月

目 录

C O N T E N T S

第一章

水果与人类

01.走出丛林

　　什么是水果？顾名思义，水果就是多汁的果实，可如果单单只是多汁，不能吃，不好吃，也不能被当做水果。所以，水果可以简单概括为：美味多汁的果实。

　　小时候，水果是儿时常见的苹果桃李瓜，随着年龄的增长，越来越多的果实开始进入视线，当然也混进来一些可爱的"冒牌货"。秋冬季节，北方街边小贩摆摊卖甘蔗是一道特别的风景线。在凛冽的寒风中接过小贩削好皮的甘蔗段，拿起来就啃，也顾不上冻得通红的小手，直到清凉的甘蔗汁充溢在唇齿之间，流淌进暖暖的胃里，小小的味觉欲望瞬间得到了满足，这世界仿佛才可以安静下来。仿佛此刻天塌下来也与我无关。冰天雪地里啃甘蔗的时候就从来没有思考过甘蔗到底算不算水果。如今想想，甘蔗还真不是果实，而是茎，如果随机挑十个孩子，问他们同样的问题，相信绝大多数孩子都会把它当做水果。

　　我带过很多朋友去雨林徒步，他们中有的是银行行长，有的是企业总裁、高管，有的是医生、律师，在看到野生果子的时候，不管是谁，平常有多么严肃，这一刻所有城市赋予他们的面具统统被抛在脑后，眼睛里冒出来的

软枣猕猴桃（*Actinidia arguta*）酸甜可口

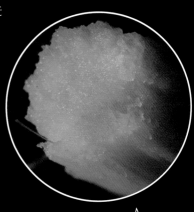

小时候看到甘蔗，口水就忍不住流下来

最喜欢吃国内广西出产的甘蔗（*Saccharum* sp.），节通常比较长，啃起来很方便

渴望和好奇是如此的相似而统一，恰如孩童，这份渴望，来自本能，源自我们的基因序列，源自远古时代一次次求生的本能与生存代价所带给基因的深层记忆。这种记忆，我们甚至毫不知觉。在大自然面前，我们都是孩子。

雪莲果（*Smallanthus sonchifolius*）并不是果，而是膨大的根

　　植物长出可食用的果实是为了什么？很多人会不加思考、理所应当地认为：不就是为了让人吃嘛？如果真这么想，其实就大错特错了。不得不承认，我们的基因中对水果有着独特的偏爱。在人类掌握用火来加工食物以前，最简单快捷获取大量能量的方式就是食用水果，谁拥有更多能够快速补

看似安静的森林其实是没有硝烟的战场

充体力值的果实，就意味拥有更多活下去的机会。不喜爱水果的人几乎是没有的，这样的基因很有可能在原始的竞争中就已经被淘汰。当然，植物绞尽"果汁儿"想尽一切办法，耗尽大部分营养，结出果实的目的只有一个：生存繁衍。动物吃果实本质上也是为了填饱肚子，获得能量，进行一系列生理活动达到繁衍生息的目的。根据达尔文的生物进化理论，我们现在所看到的自然界是在漫长的进化过程中，植物和动物为了生存而互相斗智斗勇、协同演化的结果。

　　植物为了提高自己种子的传播效率，不得不想尽各种办法。有的植物比较传统而保守，比如生长在海边潮间带的水椰，果皮有一层厚厚的粗纤维，可以保护好果实不被小型动物轻易吃掉，还可以防止果实在顺着洋流漂走的过程中被海水所腐蚀失活。有些植物寄希望于动物的记忆缺陷。这类动物，我们最熟悉也最典型的莫过于松鼠，松鼠喜欢到处搜集果子，埋起来，

防备饿了的时候没吃的，但是它们记忆力又不是很好，不可能把自己埋过的果子都给找到，所以无形中就被当成勤劳的园丁给利用了。有一些植物则比较主动，主要是想办法让果肉变得越来越醒目，越来越好吃来达到吸引鸟类或者哺乳类等大型动物的目的。比如榴莲（*Durio zibethinus*），演化出来美味的假种皮，来吸引不怕刺又好这口的红毛猩猩。红毛猩猩捡到成熟的

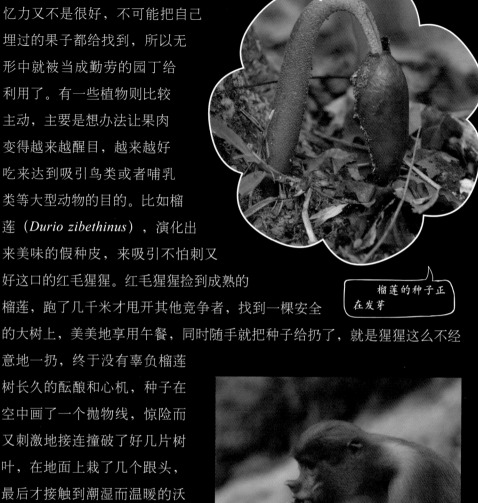

榴莲的种子正在发芽

榴莲，跑了几千米才甩开其他竞争者，找到一棵安全的大树上，美美地享用午餐，同时随手就把种子给扔了，就是猩猩这么不经意地一扔，终于没有辜负榴莲树长久的酝酿和心机，种子在空中画了一个抛物线，惊险而又刺激地接连撞破了好几片树叶，在地面上栽了几个跟头，最后才接触到潮湿而温暖的沃土，用不了多少年，这里将会长出来一棵巨大的榴莲树。植物就是这样借助外界的力量一步一步抢占了丛林中适合它们生存的每一寸土地。

物竞天择，适者生存。找不到出路的植物就渐渐淡出了

婆罗洲特有的长鼻猴（*Nasalis larvatus*）通常喜欢成群结队地找果子吃

大自然，能够存活到今天的植物，个个都有着过硬的生存本领。植物在生物链中绝大多数都在扮演着生产者的角色，有了它们，才有了数不清的生物链，才有了一张张生物网。网上的各种生命之间有着紧密的关系，相互制约，相互平衡。水果只是这场无声的生存竞争中逐渐升级的中间产物，紧密联系着植物和动物这两群处在不同沟通维度的复合生命体。植物变得越来越聪明，动物也变得越来越挑剔，越来越不容易满足，直到有一天，原始丛林中的人类开始学会了思考，拥有了智慧。

　　渐渐地，人类学会了走出茂密的森林，在空旷的地面建造遮风避雨的屋舍，还逐渐学会了农耕，把果树直接种在房前屋后。可能人类的祖先没有想过，也没有意识到，水果此时已经靠着人类的力量迈出了重要的一步：摆脱竞争者，走出丛林。

城市四周一般都会有果园

站在雨林顶端眺望远处的城市

02. 融入历史

　　水果借助人类的智慧走出了丛林，因为和人达成了一种互利互惠的关系从而享受到了优待。随着农业的发展，人类生产力的逐步提高，水果也不仅仅扮演填饱肚子的角色，有些水果在宗教力量的帮助下，一点点走向神坛，披上一层神秘的"圣果"色彩。

　　在不同民族，不同宗教文化的影响下，不同地区都有着不同的神话传说。中华文化发源于黄河流域，黄河流域盛产桃子，所以流传下来的神话故事中，天上的水果是仙桃（*Amygdalus persica*），这种水果三千年开花、三千年结果，再过三千年才能熟；印度那边有芒果，因此印度人觉得天堂上应该挂满各种芒果，神仙们饿了就抱着啃一口；古埃及人生活在干热少雨的非洲沙漠，桑叶榕（*Ficus sycomorus*）和海枣（*Phoenix dactylifera*）长势比较好，所以古埃及人就在壁画上画上桑叶榕和海枣树；北欧和希腊气候和中国北方比较接近，适合苹果的生长，因此北欧神话里面苹果就成了仙果，这种仙果还具有恢复青春的超能力；希腊神话里面苹果更厉

成熟的桃子让人充满无限遐想，果皮神似女性红扑扑的脸颊，吃了"快活似神仙"

海枣和椰子是亲戚，因此也被称为椰枣

害，升级成了土豪金版的金苹果：宙斯结婚，大地女神送他一棵金苹果树，女神们还因为争夺一个金苹果间接引发了特洛伊战争。

苹果（*Malus pumila*）原来果实并不大，逐渐改良才变得越大越甜

这些神话故事，有的被刻成了壁画，有的被整理写成书籍，一代代流传了下来，在一定程度上可以反映出水果早成为人类生活不可缺少的一部分，已经融入祖先的物质和精神生活之中。

水果在生活中的角色是和当时的社会生产力紧密相关的。在靠天吃饭偏偏又经常会碰上天灾人祸的古时候，很多人都吃不饱，哪里还有心情细细品水果。这个时候的水果是一种精神寄托，被描写的水果一般都是当地产的比较接地气的"草根"水果。中华文明的发源地是黄河流域一带，这带水果相对比较少，无非就是枣、李、桃、猕猴桃、木瓜等。《诗经》中"隰有苌楚，猗傩其枝"的"苌楚"描写的就是野生猕猴桃，当时流离失所的人们羡慕猕猴桃可以无忧无虑、没什么社会压力。当社会生产力渐渐提高，国富民强、太平盛世的时候，水果依然在古人的诗词中占有一席之地。唐代杜牧的"一骑红尘妃子笑，无人知是荔枝来"在借助荔枝这种水果放大统治者的纵欲之态的同时也客观反映了荔枝的美味。也许是觉得对荔枝的夸奖还不够直接，后来到了宋代，苏轼狠狠地补上了一笔："日啖荔枝三百颗，不辞长作岭南人。"表达言简意赅，直接明了，成为后来者赞美荔枝的必用金句。到了明

杨贵妃也许不知，若干年后有种荔枝叫做"妃子笑"

代，郑和还大规模远洋航海，到了东南亚更是品尝到了榴莲这种当年花银子也买不到的奢侈水果。

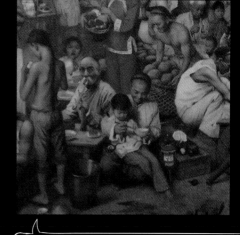

水果是具象的物品，很容易作为一种交换媒介来帮助人们传达一些信息。《诗经》有云："投我以木瓜，报之以琼琚。"其中的"木瓜"其实是蔷薇科的木瓜，用来象征一种投桃报李、礼尚往来的美好关系。非洲的土著居民见到贵宾来访，内心的喜悦难以表达，跑过去把来宾的脸扒过来狂亲几下显然不是每个人都能受得了的，这个时候可乐果就登场了。可乐果比较硬，要慢慢嚼才能品到其中的味道，可以帮助提神、恢复体力，这样的好果子用来表达内心对贵宾的欢迎是更合适可行的。中国的典故里面也有类似的，不过对比之下显得略疯狂了一些。相传潘安长得俊美，驾着豪车在大街上穿行会引来女粉丝无数，旁边卖咸鱼的大妈都忍不住偷看，直喊着过去搭讪。可是拿着咸鱼过去难免有些失态，突然看到卖水果的闺蜜邻居扔来几个透黄的杏儿，于是赶紧拿起跑上近前，想当面送给潘安，奈何人太多，挤不过去，捏了捏，果肉并不硬，伤不到人，就果断把杏子掷了过去，杏子在空中划了一道道完美的抛物线，最后妥

榴莲在南洋人民群众心中有着举足轻重的地位

木瓜（*Pseudocydonia sinensis*）跟苹果是表亲，味道很香，吃起来比较酸硬，但炖鸡可以

光亮可乐果（*Cola nitida*）紫红色的种仁嚼起来很硬

妥地落在了车上，潘安在人群中对着有些惶恐的咸鱼大妈回眸微微一笑，以示赞许。众人见状，纷纷效仿，都将手中的水果扔了过去，每次潘安回到家都会发现车上收获了满满一车水果，于是就有了"掷果盈车"这个成语。还好潘安不是生在东南亚，中国北方的水果充其量就是苹果桃子杏李梨之类的，杀伤力不大，不然真不敢想象某个榴莲没扔对位置的后果。类似用水果来传达一定教育意义的成语还有"孔融让梨""瓜田李下"等，水果有这么多"果外之意"还让不让人好好吃水果了！

杏的个头不大，很适合用来投掷，传播某种不可描述的意思，"一枝红杏出墙来"也是被文人们给玩坏的句子，其实杏子是无辜的

古人也用暗送秋波来传达爱意。现代人给活用成了"秋天的菠菜"，假如"秋天的菠菜"不好使，那就试试来一串诱人的葡萄，如果还不行那就两串。

李子熟透了呈紫红色，非常诱人，酸甜可口

中华文化往往比较含蓄优雅，用

切开的甜瓜有一种迷人的诱惑

来传意的水果通常所表达的也比较委婉，有种朦胧的性感。樱桃的使用早在唐朝就被诗人们驾驭得炉火纯青，拿来形容女子青春而饱满的粉嫩嘴唇，稍微露骨一些也最多就是"蜜桃成熟时"，当然还有被用烂了的"红苹果"，用来形容女子羞红的脸颊。与之相比，西方文学就赤裸裸多了，西方有诗人直接把橘子说成是处女的脸颊，用午夜月光下生长的瓜来形容女性的蜜桃臀。在借果生情上面，古今中外文人骚客们倒是保持了高度空前的统一，被他们玩坏的水果还有葡萄、无花果、甜瓜、李子、芒果等。

不可否认才子们的才情，也当然不能忽视水果们在人类性暗示中起到的作用。一开始，水果给人提供的原始价值就是温饱，温饱是一种最基本的生理需求，但在这一需求得到满足之后，人们再看到水果就会产生更多的生理反应和遐想，这时水果浑身上下、里里外外都充满了无限的诱惑。

提到水果，有些人会不由自主地和"甜蜜""欲望""性""享受"等字眼联想起来。在经历了长期的演化和磨合，水果已经可以满足人类"色""香""味""口感"等不同维度的需求。它们虽然不能说话，却进化出了醒目的颜色、甜蜜多汁的果肉、沁人心脾的芳香，它们一直在用最原始的语言明目张胆地对人类进行赤裸裸地吸引，一旦你抵挡不住，接触了它们，你们之间便会产生一段非常妙不可言的关系，这份体验和记忆会深深储存在大脑里面，直到下一次看到，哪怕只是想到，那种愉悦和快感便会立马涌上心头，怂恿着你再次和它们靠近。水果也就渐渐成了欲望的隐喻。本来无忧无虑生活在伊甸园中的亚当和夏娃没有抵挡得住无花果（也有人认为是苹果）的诱惑，最终被逐出伊甸园。孙悟空也是没能抵挡得住蟠桃的诱惑，大闹天宫，最后被如来压在五行山下当了五百年活石头。再后来孙悟空虽然加入了唐僧团队，"改邪归正"，去西天取经走上了正轨，但路过五庄观的时候，还是经不住园里人参果的诱惑，经历了一劫。很多人想吃水果并不一定是因为那种水果多好吃，而是因为当时那种环境下的水果太诱人。

植物学家们作为地球上最懂植物的一类人，对植物的认知和解读自然要高出常人一些。于是在给香荚兰、蝶豆等

蟠桃比较扁

植物起名字的时候就直接采用了赤裸裸的描述性器官的拉丁词汇。到了近代和现代，随着世界一体化，信息之间的流通成本逐渐降低，很多俗名也大胆地开始流通传播，常见的比如把百香果叫做"热情果"，五指茄叫做"乳茄"，胡颓子叫做"羊奶子"，海底椰叫做"屁股果"，红毛丹叫做"睾丸果"等。

蝶豆（*Clitoria ternatea*）学名中，"Clitoria"就是源自拉丁语中的"Clitoris"，意思是女性生殖器官中的某个部位，一般作为天然可食用染料使用

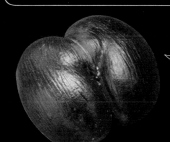

原产塞舌尔的海底椰（*Lodoicea maldivica*）也叫屁股果，能吃

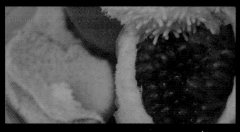

甜百香果（*Passiflora ligularis*）水果市场通常叫做热情果，或者哥伦比亚热情果

五指茄（*Solanum mammosum*）俗称乳茄，因有五个乳头状凸起而得名，通常仅作观赏，不作水果食用

胡颓子（*Elaeagnus pungens*）也叫羊奶子

红毛丹（*Nephelium lappaceum*）有很多种颜色，黄的、粉的、红的、紫的，也叫睾丸果

03. 征服世界

水果自从融入到人类的生活以后就没有闲着，一直想方设法地扩大疆土，争取更多的生存空间。

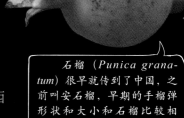

石榴（*Punica granatum*）很早就传到了中国，之前叫安石榴，早期的手榴弹形状和大小和石榴比较相似，因此手榴弹的英文名字也和石榴有密切关系

西汉时期，中国的张骞就曾经两次出使西域，成功地用丝绸开辟了一条连接中国和西方国家的贸易通道，这条通道也被称为丝绸之路。有了这么好的通道，原产伊朗的石榴也就赶紧收拾好行李包裹，跟着骆驼队到了东亚定居，为下一步进军华人的餐桌做好准备。当然，其中肯定也夹杂着不少没有办法成功在新地区占领疆土的水果们，具体有多少种水果传了过来或者走了出去，现在可能并不容易考证，但相信水果们作为出门必备的食物，肯定没法闲着，也有人说葡萄就是那个时候被张骞带回来中国的。

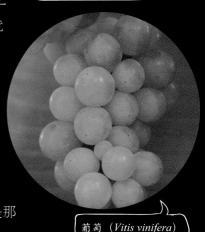

葡萄（*Vitis vinifera*）

大约又过了一千多年，威尼斯出现了一个喜欢旅行探险的商人：马可·波罗。他并不是第一个进入中国的外国商人，也并不是最后一个，他口才很好，在当时的元朝还当了官，回威尼斯后，在一次战役中被当做战俘抓了起来。在监狱里面没什么自由，百感交集，跟狱友唠嗑谈人生，畅谈自己当年去中国的豪华奢侈自由行的经历，引来羡慕嫉妒无数。有个狱友就比较有心，把这些都写了下来，整理了一下就出版了《马可·波罗游记》，马可·波罗本人可能并没有给欧亚水果之间的交换带来什么大的贡献，但这本书却让无数欧洲人开始认识亚洲的文化。

中国自然也没有闲着，最出名的就是明朝明成祖派遣了郑和七次下西洋，总行程可以绕地球三圈。第一次出海就把东南亚给考察了一下，带过去了不少文化、礼仪，还顺道给一种浑身是刺的大型奇葩水果起了个名字，也就是后面我们耳熟能详的水果之王：榴莲。最终郑和在第七次返航途中因过度劳累而去世。

眨眼的功夫，三十年过去了，欧洲出现了一个小青年，喜欢天天捧着马可·波罗的那本游记读，梦想着有一天可以找到这片神秘的东方世界。当时欧洲国家非常沉迷于产自亚洲的香料，香料的价格也被炒到了黄金价，谁拥有了香料的货源谁就拥有了大批的财富。在这样的背景下，西班牙开始动脑筋了，有这么大的需求，如果可以绕过中间的代理商，直接找到货源，不仅仅可以低价享受香料，还可以获得不菲的利润，有必要派一位有此野心和能力的人过去试试。最后那个喜欢看《马可·波罗游记》的小青年成功入选，不过当时他已经成了一个四十岁出头的中年沉稳大叔，还依然忘不了书中印度和中国"黄金遍地、香料盈野"的盛景。就这样，这个大叔怀揣着这本攻略，向着印度的方向出海航行了。结果他们一不小

子丁香（*Syzygium aromaticum*）的花苞干燥以后就是炖肉大料包所用的丁香，使用的并不是它的果

日常生活中著名香料丁香其实用的是其未开放的花蕾

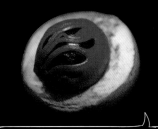

肉豆蔻（*Myristica fragrans*）在当时是贵族用来显摆的奢侈品，真金白银带来的满足感不如这些果实来得实在

心就跑到了美洲，哪里有什么香料？哪里有什么纸币？哪里有什么东方文明？就当他们觉得故事都是骗人的时候，却有些意外收获，当地好像有不少特别的水果，从来没有见过，带一些回去吧，于是菠萝、番石榴、番木瓜、牛油果等美洲当地的水果便借着这位中年大叔的船只开启了它们征服地球其他领地的旅途，后人为了纪念这位怀有梦想的励志大叔，便称他为第一个发现美洲大陆的人，这位大叔就是哥伦布。

有了东西方的几次大规模的出使考察，新航线被陆续发现，再加上当时地图学、航海术、造船术的进步，欧洲等国家开始频繁地进行海上贸易，借助着贸易的潮流，水果们就开始重新定义了它们所占地球版图的范围。

到这里还不算，人类自从掌握了火的使用之后就一直在控制温度的

很难想象哥伦布吃到第一口菠萝（*Ananas comosus*）果肉时的表情

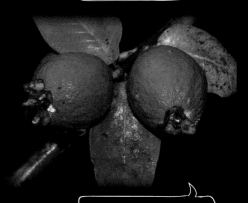

番石榴（*Psidium guajava*）

牛油果（*Persea americana*）也叫鳄梨，因为果皮像鳄鱼，形状像梨，果肉实际上没有梨水嫩多汁

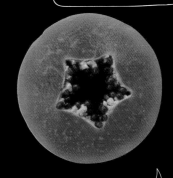

番木瓜（*Carica papaya*）不得不说是难得的一种美味水果，老人和幼童牙口不好的也可以啃

塑料薄膜和温室的普及，使得草莓（*Fragaria × ananassa*）在北方也可以开花结果

这条路上渐行渐远，后来逐渐出现了玻璃，有了玻璃温室，即使是在冬天也可以把水果种植在温室里面使其不被冻死，到后来又出现了透明塑料薄膜，极大地降低了温室的成本，农业上开始大量使用，西瓜、甜瓜、草莓等水果即使在冬天也可以在温室里开花结果。

在北方如今一年四季都可以吃到西瓜（*Citrullus lanatus*）

只会让温度提升也不够，温度过高，水果容易过快腐烂，保存不易。有了冰箱、冰柜，吃不完的水果可以放冰箱，超市里面的水果因为有了冰柜而可以多展示几天，不用担心那么容易坏掉，后来又逐渐出现了冷链运输，低温保存。干冰、液氮等在二十年前看起来离生

北方温室中生长的甜瓜（*Cucumis melo*）

活很遥远的技术现在已经大量地在水果的加工、运输和保存中应用了。

借助了这么多的现代人类的科技，水果们已经开始大举进军世界各地的水果市场。不管是哪个城市，大多能看到超市中琳琅满目的水果，从某个角度而言，只要征服了人类的味蕾，就基本上征服了世界。水果就是这样一步步从森林中进军到了钢铁混凝土城市中，在不经意的某个角落，寻找着合适的机会，悄悄生根发芽，开花结果。

刚刚液氮冷冻处理好的猫山王榴莲

草莓、猕猴桃、芒果等水果在人们日常饮食中出镜率很高

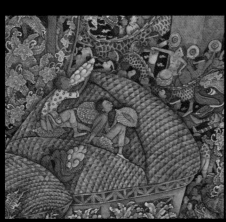

某位艺术家描绘新加坡的繁荣景象，画中民众在榴莲歌剧院上吃着榴莲看表演

北京郊外漫山遍野的山杏（*Armeniaca sibirica*）在每年4月份齐刷刷地怒放，它们才没空管人类在忙活什么

04. 水果猎人

　　随着现代社会保鲜和运输技术的发展，我们几乎一年四季都可以吃到西瓜、苹果、香蕉、菠萝等水果，可以说是从来不缺乏水果。但掰着手指细细数一下，自己吃过的水果到底有多少种？有的人可能数了有几十种就忍不住沾沾自喜了，殊不知，这只是沧海一粟！我们的大自然其实有几百上千种可以直接食用的原生水果。

　　随着医疗技术的进步，人均寿命的延长，人口的增长使得人类的地盘一直在向周围的自然丛林扩散，一处处动植物自然栖息地被夷为平地，成为农业、工业、商业或者住宅用地，自然丛林的栖息地被大量破坏及缩小。从高空俯视地球，灯火通明的城市让原来的绿色迅速消失。在这一片片被吞灭的绿色当中，有无数我们还没有研究透彻的自然资源，香料、药材、水果、粮食、蔬菜、香精、食用油等我们目前获得的产品很多只是我们对植物初级层

超市琳琅满目的水果

超市的服务也是够用心的了，就差"给顾客送到嘴上"这个环节了

面的开发和应用，它们的价值远远不止这些，而在我们开始意识到之前，就已经把它们的栖息地破坏了，这很容易导致一些生存分布空间比较狭隘的植被灭绝，依赖它们而生存的真菌、昆虫、大型动物都会因之受到牵连。

人类自身发展和自然界的稳定需要有一条底线，很多国家在发展过程中，不惜屡次越过这条线，造成的损失不可估量。植物学家们很多时候回到标本采集地的时候才会发现，标本中的这种

笔者在2013年回国，从工程师转行投入植物保育工作（摄影者：黄瑞兰）

植物的原生境早已经被破坏，它们亿万年才演化出来的独特的基因组合序列和因之而产生的有机化合物也在几十年间重新归零，化为尘土。

面对这样的问题，其实是有相应的植物引种保育工作者采取权宜之计，进行迁地保育的。他们会把植物从被破坏的产地分为不同的种群，引种到植物园里面进行保种，暂时不让它们灭绝，以便有朝一日可以将它们回归大自然。这样的工作重要却没有办法在短时间内看到成效和价值。随着现代城市生活压力的增加，相关工作人员陆陆续续从该岗位离开，只留下了保育室内植物们绝望的身影。同样叹息的还有一群社会人士，他们有的是金融界的高管，时刻关注着股市动向；有的是律师，在法庭上能言善辩；有的是乡间的"地主"，家有几亩良田；有的是大学生，考试完了就拎起相机四处猎寻植物；有的是包租婆，瞅准时机，抢购几套房子，将之出租，一辈子衣食无

忧……无论他们是什么身份，对于植物的热爱促使他们自觉地以镜头和文字记录着这些生命曾经的美好。他们都是植物爱好者，是美好生活的爱好者，因为共同的爱好和网络的便利聚集在了一起，抛开一身束缚，相约回归自然，一起看植物的多样性，感受大自然的美好和宝贵。

美国作家理查德·洛夫所著的《林间最后的小孩》这本书中提到"自然缺失症"（Nature-deficit Disorder）的概念。这个概念描述了城市中孩子们被电子产品包围而无形中被剥夺了和大自然亲密接触的机会和权利，这种生活时间长了会给孩子带来肥胖、抑郁、注意力不集中等问题，中华传统文化讲究平衡，平衡不是绝对的静止，而是在一定范围内的有限波动和调整。大自然经历了时间的沉淀，生命之间在长期磨合适应下达到了一种相对稳定的生态平衡，把每种生命体作为一个点，再把这些点全部连接在一起就组成了一张非常复杂的生命网，而这张网是有张力的，有韧性的。小孩子的大脑就好比是一台信息录入机器，长期大脑对单一信息量的大量摄入会导致接受的身边环境的信息量失衡。举一个很简单的例子，孩子们天天吃苹果就会对这种味道产生一种适应，一旦这种适应形成了一种习惯，很容易造成厌倦，洗好削好送到嘴边的苹果孩子也未必吃，这仅仅是一部分人的情况。假如有另外一个孩子，家里面有一棵苹果树，春天看着树抖去身上的霜雪抽出叶子花苞，转眼间开花，引来蜜

相信很多人还没见过苹果（*Malus pumila*）的花，更别提去了解香蕉、橘子、荔枝、火龙果、蛇皮果等水果是怎么长出来的了

蜂，然后结出小青苹果，慢慢变大，眨眼间被阳光暖红了脸，然后他上树摘下来就放在嘴里啃上一口，就在咬下去的那个瞬间，接触到舌头的第一滴饱含生命活力的鲜苹果汁夹带着大量的信息量，电流般通过舌头上密布的味觉接收器，沿着神经，传递到大脑，给大脑来了一次信息大输入，各种前所未有的香甜，妙不可言的果香，第一次，在那一瞬间储存在大脑的中央处理区，这样看来，没有被各种水果所携带的信息轰炸过的人生是多么乏味而无趣！

　　和植物建立和谐而美好的关系是人的一种自然本能，不管是喜欢吃水果还是喜欢吃蔬菜，还是仅仅喜欢闻花香或者养多肉植物，都是一种喜爱植物的表现。在这群植物爱好者当中，还有一部分略微小众一点的群体，他们的基因和血液里有对水果的那种执念，也许是他们的祖先在几万年前就曾经被一颗果实所救，这种对水果的情绪便深深地写在了基因片段里，一直传到了今天。这群人的社会身份也是形形色色，有的是企业家，有的是记者，有的

印度尼西亚某位水果猎人喜欢搜集芒果和本土榴莲

马来西亚槟城热带水果农场展示给游客很多稀奇的水果，老板也是一位水果猎人

靠近森林地区的传统市场是水果猎人们总喜欢去的场所

是土生土长的森林土著，有的是农场主，有的则是财务会计等。他们会有自己最熟悉的领域和类群，有的喜欢收藏各种各样的香蕉，有的喜欢收藏各种各样的芒果，还有的只能是去四处寻找，找到以后先拍照，然后大快朵颐，迅速记录文字，生怕那些关键的味道描述不出来以后又回想不起来了。

　　不管来自哪些领域和什么岗位，水果猎人们对于水果一直保持着那份执着。东南亚是自然资源的宝库，芒果、香蕉、榴莲等人们比较熟悉的热带水果的原生种群就曾经大面积地在这片富饶的土地生长，然而近些年，随着橡胶林和油棕林的大规模种植、过度地伐木，导致原始热带雨林的面积大规模缩小，越来越难以在野外看到这些果树们的踪影，与之一起渐渐消失的还有以水果为食物的大型哺乳类动物，比如亚洲象、红毛猩猩等。国际相关组织对此肯定不能坐视不管，于是，出台了红色植物保护名录，通过禁止名录上的植物相关的商业贸易等，一定程度上制约了非法盗猎及买卖相关濒危植物资源。与此同时，也限制了水果猎人们的活动，远在欧洲的水果猎人们想要在当地尝试种植东南亚的水果就不像几百年前那样直接带到船上拉走回去就可以了，正规的流程需要出口国和进口国双方的批准才可以。

　　如今，在一些比较发达的国家已经有了相关的水果猎人联盟。东南亚还没有相应的组织，但依旧有少数的水果猎人们活跃在阳光下的丛林中，我们想呈现和还原的是一个生态和谐、物种平等、高度文明的美好世界，好让子孙后代即使在若干年后，也可以在静谧而繁华的万物苍生中细细品味餐桌上那一枚枚充满故事和传奇的果实。

从油棕（*Elaeis guineensis*）本身的角度而言，毫无疑问，它的种群传播是成功的

愿人类与水果都可以迎来更美好的明天

每一种水果能出现在我们面前，必然有着自己的传奇

第二章

与水果的
甜蜜约会

01

水东哥

水东哥的果

● 水东哥小档案

科属	猕猴桃科 水东哥属
拉丁学名	*Saurauia tristyla*
水果辨识	植株为灌木或者小乔木，花白或粉红色，果实球形，成熟为白色浆果
地理分布	中国云贵及两广一带、印度、尼泊尔、泰国、马来西亚
常见度	☆☆☆☆☆
推荐度	☆☆☆☆

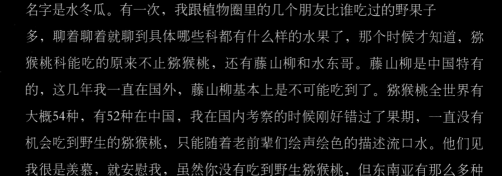

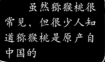
虽然猕猴桃很常见，但很少人知道猕猴桃是原产自中国的

听闻

这种果子最早听到的名字是水冬瓜。有一次，我跟植物圈里的几个朋友比谁吃过的野果子多，聊着聊着就聊到具体哪些科都有什么样的水果了，那个时候才知道，猕猴桃科能吃的原来不止猕猴桃，还有藤山柳和水东哥。藤山柳是中国特有的，这几年我一直在国外，藤山柳基本上是不可能吃到了。猕猴桃全世界有大概54种，有52种在中国，我在国内考察的时候刚好错过了果期，一直没有机会吃到野生的猕猴桃，只能随着老前辈们绘声绘色的描述流口水。他们见我很是羡慕，就安慰我，虽然你没有吃到野生猕猴桃，但东南亚有那么多种

水东哥，国内我们只吃到过一种，你不比我们谁吃的种类多啊！说实话，当时我还压根不知道什么是水东哥，更别说吃过了，放在眼跟前都不敢吃。见我有点迷惑，好像不太明白在说什么，一个前辈就给了提示：水东哥，也叫水冬瓜，应该听说过了吧！嗯，还真没有。我在心里给了一个很冷场的回复，之后自己就开始在脑子里构想这种"水里的冬瓜"到底长什么样子了。

水东哥花特写

寻觅

一直以为水冬瓜有个水字，应该是长在水里的，后来去野外的时候，就总是不经意地往水边看有没有像冬瓜一样的藤本植物。结果一直没有找到，后来也就没有再纠结，反正有趣的灵魂早晚都会碰到，今天吃不到就明天吃。总有一天会遇上。

野生猕猴桃（*Actinidia sp.*）大多果实比较小，和水东哥是"表亲戚"

偶得

　　真正第一次吃到水东哥还是在国内。那次是跟着几个植物界前辈去广东肇庆鼎湖山参加一个植物培训班。鼎湖山自然保护区是中国第一个国家级自然保护区，物华天宝，风景秀美，现在过去玩耍很方便。因为是学习，一路上只顾跟着前辈跑来跑去拍植物、采标本。下山回程从庆云寺走下来的路上，路过一飞水潭，潭水碧绿清澈。前辈稍作停顿，左手擦了擦脸上的汗，指了指潭水深处，头也不转地跟我说："孙中山先生在这里游过泳，现在不让游了，不然还能游游泳消消汗。"正在纳闷前辈怎么这也知道，突然看到几个醒目的大字"孙中山游泳处"。恍然大悟，原来有牌子！思绪一不小心跟着孙中山先生瞬间回到了东南亚，之前只知道他四处奔走，组织号召发动一些爱国运动，但很少有人知道，他闲暇之余就是坐在晚晴园里面吃他最爱吃的6种水果：菠萝、青芒果、南洋香蕉、山竹、人心果和水翁。想到水果就忍不住饿了，嚷嚷着问前辈有没有果子吃。前辈回复前面就有，就快到了。不知道是不是望梅止渴的效果，我的步伐轻盈了许多。果然走了没多远，前辈就停在路边的一棵比人稍微高一点的灌木跟前，指着茎上面一粒粒白色的珍珠说这个就是可以吃的。有几缕夕阳斜着映过来，果子透过一簇光，更是增添了几分仙气儿，可能孙先生当年游完泳下山路过也摘几颗吃过。于是我也摘了几颗放在了嘴里，咬碎果皮的那一刹那，饱含着潭水般清凉甘甜的果汁就在嘴里肆意散开，一下从舌头舒坦到心里，用舌头来思考判断的话，果实

宋庆龄的题字

的构造就好像用极薄的黄瓜片包裹着一
杯精心调配的天然甘露，简单而极致。
后来当听到吃的就是水东哥的时候，脑
子里的原有"水冬瓜"的假设就顺着大
河溜走了，再也寻不见踪影。

美花水东哥（*Saurauia amoena*）的果比
水东哥的大很多，味道差不多，吃着更过瘾

沉迷

　　有了前车之鉴，我就再也不敢凭空想象了，找植物之前一定要先做足攻
略，把资料给翻透了再出门。后来陆陆续续在东南亚雨林里面见
到了形形色色的水东哥的"兄弟姐妹"们，它们花
瓣虽然大致都是五瓣的，一群雄蕊包围着几枚柱
头，但仔细看还是有一些微小的差别，果实形状也
有差别，有的可以吃，有的不能吃，能吃的味道
大同小异。甚至还见到了一些尚未发表的新种。
新加坡植物标本馆的一个前辈就一下子发表了62
种水东哥属的新种，希望水东哥相关的研究可以越
来越丰富，将来也许会有更多造福人类的可能。

加里曼丹中部某水东哥（*Saurauia sp.*）
的花，一直鉴定不出来，可能是个新种

嫌弃

　　一次跟朋友在海拔1000多米高的山上考察，在一片被破坏掉的荒地边上看
到一株马来水东哥，花朵和普通水东哥差别很大，花瓣有兔唇一样的开裂。
果子里面也有透明的液体，就让朋友尝试，但他打开一看就直摇头，怎么也
不肯吃，究其原因，朋友说，你没有觉得这像一种怪怪的液体吗？像鼻涕，
即使再好吃，这卖相也是吃不下去。我只能尴尬地把果子丢掉。从那时起，
脑海里水东哥那端着玉露的仙家形象就彻底被置换成了流着清水鼻涕的大叔
形象。

了解更多

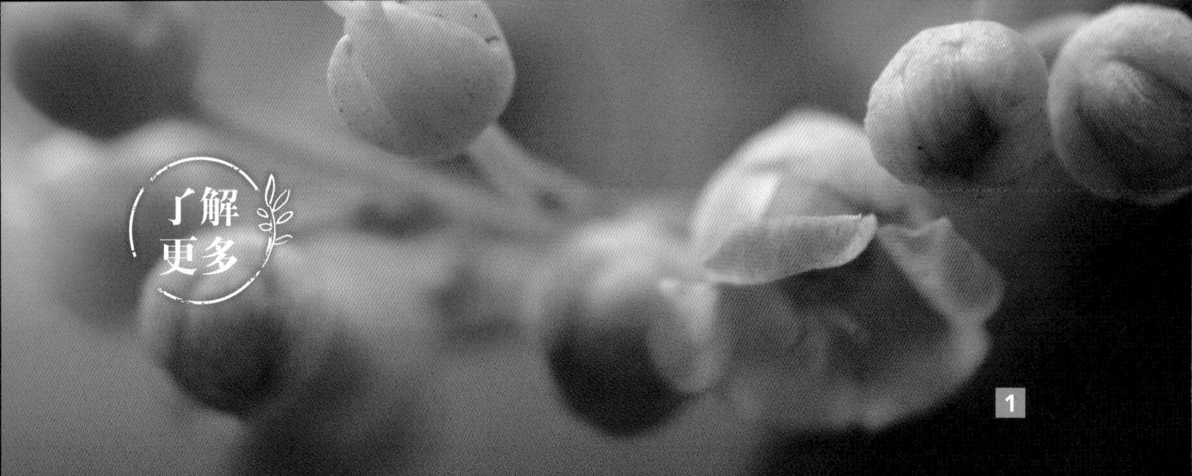
1

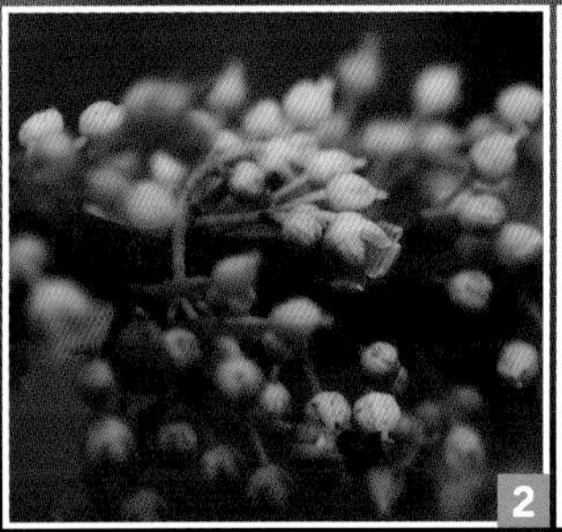
2

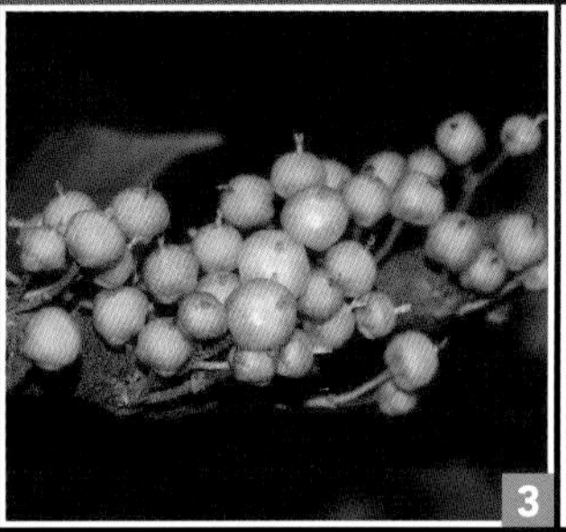
3

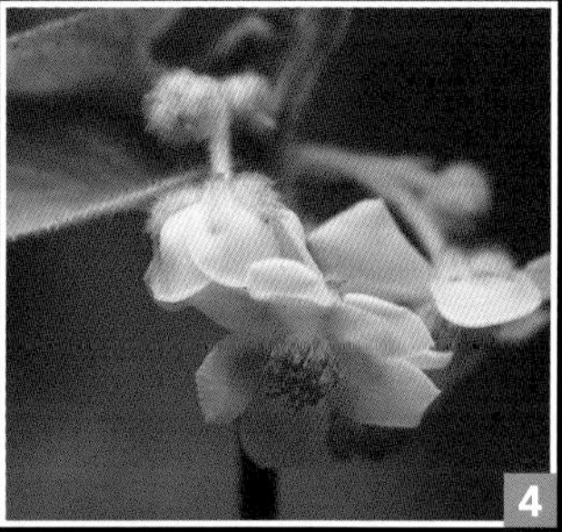
4

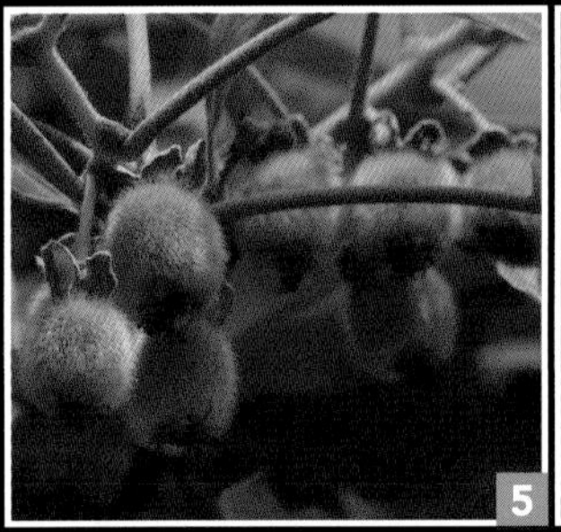
5

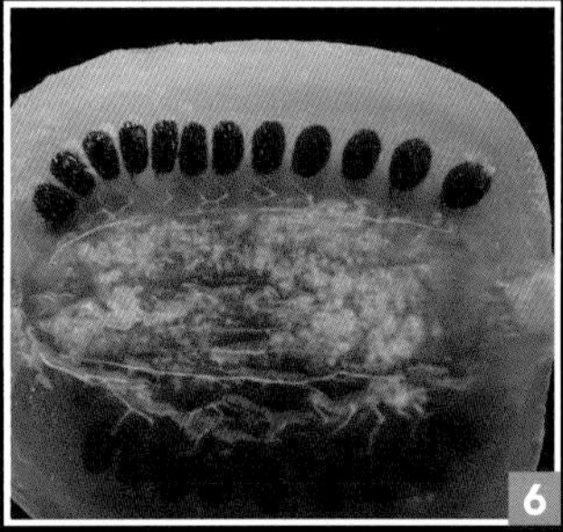
6

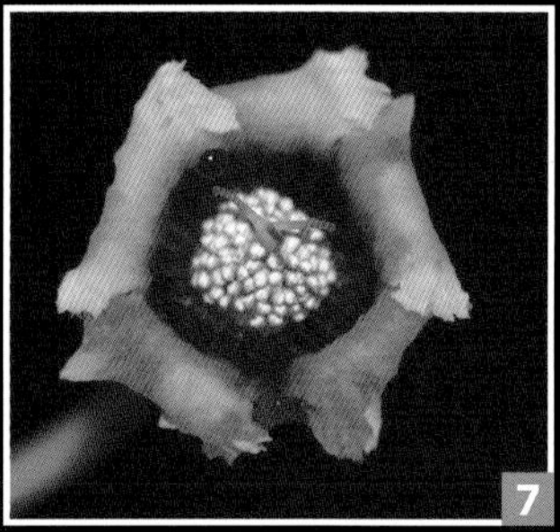
7

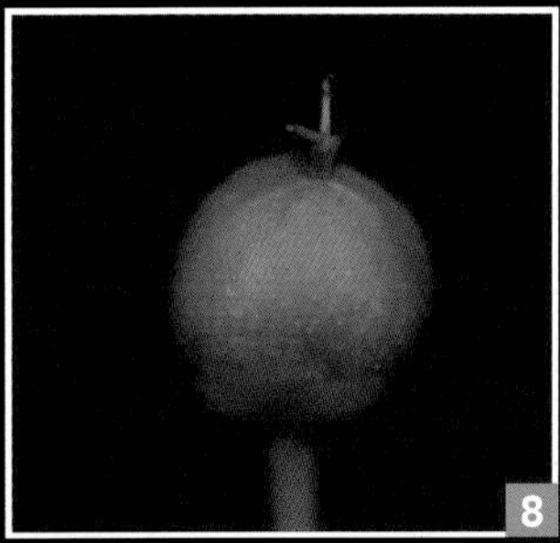
8

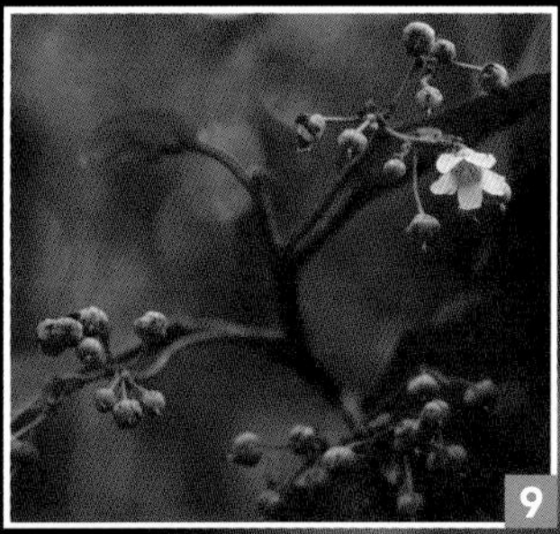
9

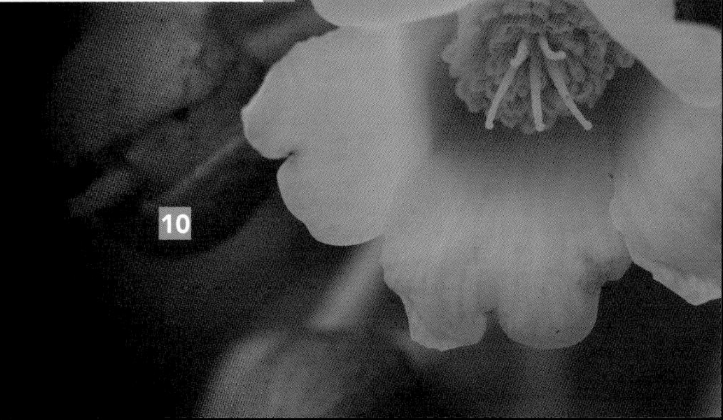
10

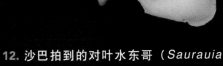

1. 水东哥的花

2. 水东哥茎生的繁花和嫩果

3. 由绿转白逐渐成熟的水东哥

4. 水东哥属的表亲猕猴桃属（*Actinidia sp.*）的花也是走小清新路线的

5. 中华猕猴桃（*Actinidia chinensis*）的嫩果

6. 软枣猕猴桃（*Actinidia arguta*）的种子排列，据说有人吃猕猴桃是要吐籽的

7. 尼泊尔水东哥（*Saurauia napaulensis*）花

8. 尼泊尔水东哥（*Saurauia napaulensis*）的幼果

9. 苏门答腊的火山水东哥（*Saurauia vulcani*）的枝条

10. 马来水东哥（*Saurauia malayana*）花瓣有"兔唇"，仅产于马来半岛

11. 加里曼丹中部疏毛水东哥（*Saurauia subcordata*）的花

12. 沙巴拍到的对叶水东哥（*Saurauia agamae*）的花

13. 美花水东哥（*Saurauia amoena*）的花大而美

14. 倒披针叶水东哥（*Saurauia oblancifolia*）是典型的老茎生花现象

15. 加里曼丹中部某水东哥（*Saurauia sp.*）的花芽

16. 水东哥属果实绝大多数为五室，内有大量的种子，成熟后才有了"鼻涕"

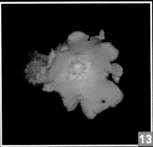

仙蜜果

仙蜜果的花

● 仙蜜果小档案

科属	石蒜科 仙茅属
拉丁学名	*Curculigo latifolia*
水果辨识	多年生草本，叶比较宽大，具折扇状脉，花黄色，完全成熟以前没什么味道，成熟以后果实膨大变白，种子黑色
地理分布	东南亚地区广布
常见度	☆☆
推荐度	☆☆☆☆☆

听闻

　　几年前，我在翻阅一个博客时看到这种水果，文中介绍到，东南亚热带雨林的林下层有一种植物的果实竟然有跟神秘果（*Synsepalum dulcificum*）近似的功效，都可以欺骗人的味觉，让人吃了它们的果子以后再吃酸的东西都感觉是甜的。全世界目前知道的也只有这两种植物有这种功效，令笔者大跌眼镜的是，这种植物竟然来自石蒜科！

仙蜜果的花序和果

出身

　　石蒜科这家子都有着什么样的奇葩？简单罗列几个园艺植物就有概念了：水仙、君子兰、葱兰、朱顶红、文殊兰、忽地笑、曼珠沙华，等等，通常仙气十足惹人喜爱，却又因为有毒而让人敬而远之。但别失望，这家子还有一些比较接地气的类群，比如仙茅属（*Curculigo* spp.）。

　　仙茅属全世界有20多种，主要分布在世界的热带亚热带地区，中国大概有7个种。仙茅属的部分种有一定的食用和药用价值，关于仙茅的故事也有很多。比如传说中的南极仙翁转世化身成为彭祖，经常吃仙茅的根，活了800多岁。也有传说印度的婆罗门僧侣爱吃仙茅的根，久服轻身，精力旺盛，因此仙茅根也叫婆罗门参。唐朝李珣撰的《海药本草》中描述仙茅："叶似茅，根状茎，久服益精补髓，增添精神，故有仙茅之称。"这可能就是仙茅名字的由来。到底仙茅功效如何，暂且不提，也不必迷信这些传说，但这起码说明了仙茅属还是有可以食用的种类的，仙蜜果就是仙茅的"亲兄弟"。

印象

　　其实仙蜜果在东南亚雨林之中十分常见，常混在路边的草堆里，一般看到以后也就简单拍拍花，拍拍叶子就匆匆而过了，一直没有好奇过它的果子是什么样的，直到知道它的果子竟然有这么神奇的能力，顿觉羞愧不已：以自己的喜恶来给每种植物打分，喜欢的就多看几眼，不喜欢的就匆匆而过以致于错过了很多精彩的物种。其实，每种植物能够跨过岁月星河的重重考验活生生地展现在我们面前就是一个奇迹，我们竟一次又一次错过，还浑然不知。相信我们今生所经历的一切都是时间的

仙蜜果生境

恩赐，也许是一个美丽的姑娘曾在佛前苦苦求了500年，终于可以化成一棵草与你相见，万般奇缘之下你终于来到了这棵草的身旁，结果你华丽丽地就转身离开了。这是怎样的一种遗憾！

猎寻

　　了解到它的特别，笔者在考察的时候就总多加留意，看到相似形态的就跑过去趴在地上翻它的果序，看看有没有果子，遗憾的是，它的结果率非常低，好不容易看到棵有果子，最后一查不是这个种，没这功效，让人失望了。大约猎寻了有一年多的时间，终于碰到了：它的花序有点脏，顶端有的还在开黄色的花，花下面就是黑乎乎的一团，白色的梭形果子主要藏在底部，需要一颗一颗给扒出来，一团果序也没有几个果，果子还很小，大一点的只有约两厘米长。

花序顶端黄色的是花，果实在底部黑乎乎的苞片保护下慢慢长大

花序基部的幼果

仙蜜果果序和果子

体验

　　神秘果已经早就吃过，领略到它的神奇了，这次我又找到了另外一种。

世界上同时吃过这两种水果的人恐怕也不
多，为了达到更好的体验和更准确的记
录，我赶紧用保鲜袋封好带了飞回家。
回去洗干净了放在灯光下仔细观察。它
的果皮比较光滑，没有其他仙茅兄弟那
么多毛，隔着白色的皮可以看到里面隐约
透出来的黑色种子，看来种子个头还挺大
的，也是水果中的尝味但吃不饱系列。我
小心翼翼用小刀划开果子，果然膨大的部
分塞满了黑色的种子，用一个很小的勺子轻

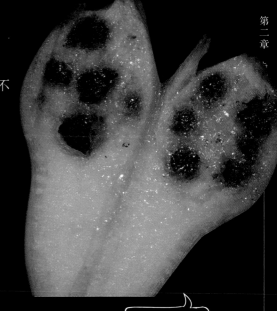

仙蜜果果实剖面

轻挖出果肉，放在舌头里面慢慢品味，因为还想给种子拍照，就把种子吐出
来了。

　　它的味道入口以后没有神秘果那么酸甜，味道比较淡，像白肉的火龙
果，甜度很低，因为果肉较少，吃起来还挺费劲的，吃之前早已经准备好了
水果切片，有柠檬、苹果、西瓜等。吃仙蜜果之前先啃过这些水果，好做对
照试验。果然，吃过不久就有作用了，柠檬变得不再那么酸，西瓜和苹果味
道也更加清新，世界开始陷入一种甜蜜的感觉当中，但效果没有神秘果那么
强烈，持续时间也不够长，大约半个小时效果就消失了，可能是果肉比较
少，效果没有那么强烈。

独立

　　也有学者主张把仙蜜果分到大叶仙茅属（*Molineria* spp.），也有的学者主张
把仙茅属及其近缘属直接独立，自立门户扛旗号为"仙茅科"。吃货们大概
知道有这么回事儿就行了，植物家族之间的归来并去、分分合合都是植物分
类学家的事情，吃货们只需要知道能不能吃、好吃不好吃、怎么吃就足
够了。

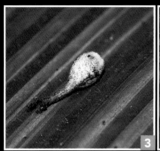

1. 新加坡武吉知马山的仙蜜果

2. 大叶仙茅（*Curculigo capitulata*）的花

3. 仙蜜果果实特写

4. 大叶仙茅的叶子

5. 长在印尼苏门答腊上一座火山的某种仙茅，果实前端有黑色的五角星

6. 加里曼丹中部的某种仙茅，果前端有裂口

7. 沙巴神山的某种看起来像长着胡子的仙茅

8. 原产西非的神秘果（*Synsepalum dulcificum*）比仙蜜果的功效要更强，作用时间也更持久

9. 同样原产西非的翅果竹芋（*Thaumatococcus daniellii*）跟神秘果和仙蜜果一样，都会让人有甜蜜的感觉。但不同的是，其果冻状的果肉吃起来非常甜，据说是蔗糖甜度的3000倍，吃完喝口白开水感觉都是甘蔗汁

听更多神秘果的故事
扫一扫

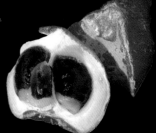

腰果的花

03 真假智慧

腰果

● 腰果小档案

科属	漆树科 腰果属
拉丁学名	*Anacardium occidentale*
水果辨识	灌木或者小乔木，叶子倒卵形，革质。核果肾形，被基部的肉质梨形或陀螺形的假果所托，假果成熟以后黄色或紫红色
地理分布	热带地区广泛栽培，亚热带地区也有栽培
常见度	☆☆☆
推荐度	☆☆☆

腰果嫩果

印象

　　腰果常见于我们的餐桌上，腰果仁与核桃、松仁、榛子一起被称为世界"四大干果"，小时候第一次吃到腰果，就对这种弯弯的肾形干果十分好奇，这种干果掰开以后颜色跟花生仁很相似，味道却更加浓厚，嚼起来还很香软。现在饭馆餐盘里、超市货架上经常可以看到腰果的踪迹。对于腰果的印象也就停留在了干果这个层次上，没觉得它有什么特别的。

腰果仁

腰果鸡丁

初见

后来，我因求学到了新加坡，放眼望去到处是绿色的植被，这个"花园城市"分成了几十个不同的小区，每个小区也都有政府打造的小花园，供公众在里面休闲娱乐，当然这样的公众场合肯定少不了植物，园林局会在一些花园里栽种各种各样的花花草草，也会栽种一些比较出名的果树。

有一天我拿着相机在住处楼下附近的花园里面转，起初是想拍摄一下一种叫做瓶尔小草的蕨类植物，趴在地上拍了半天起身要回去的时候，眼睛习惯性扫过土坡上错落有致的植被，突然一株熟悉又陌生的植物进入了视线，它的叶子很漂亮，革质油亮像假的一样，叶子顶端是圆形的，主脉和侧脉很清晰整齐，透着一股优雅大方的气质。乍看感觉像是某种榕树，仔细找找，没有发现气生根，又定睛一看，发现它长着小小的花，略失望，肯定不是榕树了。

上帝是公平的，给了它美丽的叶子又给了它小巧的花朵，再仔细看看，它的果子也很与众不同。

不一会儿，我眼睛就扫描锁定了它的果实的坐标，这个肾形的果子看着有点眼熟啊，会不会是传说中的腰果？等等，上面膨大的跟梨差不多形状的是个啥玩意儿？不管了，先拍照，回家查资料去。

腰果的叶

熟悉

原来，这棵植物下面坠着的肾形的果实就是我们吃的腰果仁，是真正的果实，上面膨大的像梨子一样的只不过是肉质果托，果实成熟以后果托就会变成鲜红色，非常显眼。腰果树真果成熟以前真果假果都是绿色的，保持和叶子一样的颜色低调生长，真果成熟以后需要吸引相应的媒介来帮助传播，腰果就使用让假果变得鲜艳可口的策略。被吸引过来的猴子通常会采摘整个果子，假果颜色艳丽而且清甜可口，富含维生素，真果黑褐色，一层有毒的外衣包裹着里面的果仁，因此猴子自然选择吃掉假果，丢掉真果。这样猴子就在采摘食物的同时也间接帮助了腰果实现了种子传播。

腰果膨大的假果和下面挂着的真果

敬佩

有人说，猴子真傻，还是人类聪明，知道果仁也可以吃，到底是人利用了腰果还是腰果利用了人？先不着急回答这个问题，且看一下腰果的背景。腰果源自漆树科腰果属，这个属是比较小的一个属，全世界只有十几种，主要产自热带美洲，腰果如果没有这种特别的生存策略，怕是不可能把自己的地盘扩展到世界各地。没有大量的腰果树，人类也就没办法随时买到这么多的腰果吃，这样看来，人类和腰果树是双赢的。

试吃

我们平常倒是很容易吃到腰果仁，它的味道已经很熟悉了，真想找一个成熟的假果来吃并不容易。假果的个头比普通的梨子略小一些，吃起来和梨子一样有着丰富的果汁，但外皮比较脆弱，很容易磕磕碰碰，不方便保存和长期运输，也有人直接食用后嘴唇会不舒服，假果被加工成果酱和果汁食用起来会比较安全。

1. 腰果树受伤会有胶流出，一些研究表明可以提取它的树胶制成治疗肠胃的药物

2. 腰果仁经常被加上其他调味料做成美味的小吃

3. 腰果仁掰开既像海豚也像太极图中的阴阳鱼

4. 长成小乔木的腰果树

东南亚水果猎人——不乖书生与水果的热恋之旅·初识

枇杷芒

紫心"鸡蛋"

04 紫心「鸡蛋」 枇杷芒

● 枇杷芒小档案

科属｜漆树科 枇杷芒属

拉丁学名｜*Bouea macrophylla*

水果辨识｜叶子对生，果实像缩小版的芒果，比鸡蛋略小，果仁切面淡紫色

地理分布｜原产泰国，马来半岛，新加坡，苏门答腊岛，西爪哇岛，婆罗洲，中国有引种

常见度｜☆☆☆

推荐度｜☆☆☆☆☆

水果摊上的枇杷芒

初见

　　最初见到枇杷芒是在水果市场，水果商贩在路边不停吆喝着："鸡蛋芒，鸡蛋大小的芒果，新品种……"我不由得侧脸看了一眼，顿时眼前一亮：它的个头和枇杷差不多，颜色也像，但比芒果更圆。很多围观群众说是枇杷，但是那个时候已经有了植物分类的功底，一看没有枇杷的毛，也

没有宿存花萼，气质根本不是蔷薇科的，应该还是芒果的一种，只是奇怪这个种没有像大多数芒果一样长成扁扁的模样。

解剖

我顺手买了一些枇杷芒回家吃，职业病，先拿到菜板上解剖，看看里面构造。第一次切的时候是环切，用小刀绕着果子腰部绕一圈划开，去掉上面的一半果皮就露出果肉了，果肉和果皮颜色差不多，都很诱人，忍不住尝了一小口，果肉很软，没有芒果的纤维感，像果冻，果汁很甜，还有一种视觉上的枇杷感，尝了一下没有明显的不适才接着吃第二口，这一口太猛了，直接咬到了里面的核，核有腰果仁大小，就拿刀切开了，瞬间惊呆了，里面竟有一只淡紫色的小眼睛。

> 枇杷芒果皮略厚，肉色跟芒果差不多

把果核细心扒开，可以得到完整的淡紫色果仁，放在手上感觉比看到紫水晶都开心，但和紫水晶不同的是，它是有生命的一个胚，想象着它可以健康地生长发芽，再长成一株小树，最后结满果子，于是就把它埋在草坪的土壤里了。很快它就发芽了，嫩嫩的叶子，像一个嗷嗷待哺的婴儿一般，渴望着阳光和雨露，然后，然后很可惜地被除草工人当杂草给干掉了。

> 完整的淡紫色果仁（只可把玩，不可食用）

溯源

后来查到枇杷芒的学名才发现，枇杷芒和芒果一样都是来自漆树科，却是不同的属，枇杷芒所在的枇杷芒属非常小众，只有3个种，目前市面上见到最多的就是被市场化的枇杷芒，东南亚地区比较多。

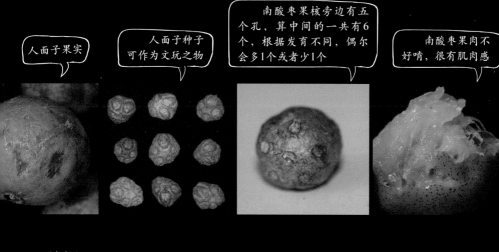

人面子果实

人面子种子可作为文玩之物

南酸枣果核旁边有五个孔，算中间的一共有6个，根据发育不同，偶尔会多1个或者少1个

南酸枣果肉不好啃，很有肌肉感

联想

　　吃过枇杷芒，最让人回味的不是果肉多好吃，而是它透着神秘优雅的淡紫色果核，像一只眼睛，这恰好也符合漆树科一贯的作风，漆树科总喜欢在果核上做文章，比如同样是可以生吃的水果——南酸枣和人面子。目前知道的只有一种喜欢在果实外面做文章的野果子：盐麸木。它的果实最显眼的地方在外面，长了一圈盐一样的白色结晶，舔起来的确是咸的，像眼霜，因此得了个别名叫眼霜果，还有个不知来由的外号叫老公担盐。相信很多人儿时好奇舔食过，但其实这种植物本身是有一定毒性的，并不适合让儿童食用，顶多舔舔那圈"盐巴"尝个新鲜就好了。

盐麸木的嫩果

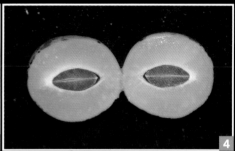

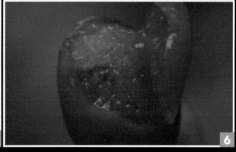

1. 看看像不像鸡蛋

2. 枇杷芒叶子对生

3. 本想摆成一个文艺点的图案，结果就摆成了机器人，原谅笔者骨子里的理工科气血

4. 印度尼西亚可以找到的一种果子，可能是尚未被栽培改良的野生种枇杷芒（*B. macrophylla*）

5. 枇杷芒的"亲姐妹"：士打树（*Bouea oppositifolia*）果实比较小

6. 士打树果实味道丝毫不输枇杷芒

7. 枇杷芒淡紫色的"果仁"和保护壳

05
水果将军

芒果

芒果的花

● **芒果小档案**

科属	漆树科 芒果属
拉丁学名	*Mangifera indica*
水果辨识	常绿大乔木，树皮灰褐色，花五瓣，果肾形，通常压扁状
地理分布	原主产于热带亚洲，目前全世界热带、亚热带地区广泛栽培
常见度	☆☆☆☆☆
推荐度	☆☆☆☆☆

臭芒果（*Mangifera foetida*）成熟后气味很重，部分人闻了会觉得臭

溯源

　　芒果原产自亚洲热带地区，东南亚是芒果大家族很重要的分布中心，有大概50种原生种，没有经过人工改良的野芒果通常味道比较酸，个头小的比鸡蛋还小，个头大的跟甜瓜个头差不多，有一些味道百闻不厌，有一些多闻几下就会恶心，但总体来说其食用价值还是很高的，这么好吃的水果不能吃，觉得这个世界对吃芒果过敏的人群真是有些不太公平。

巨果芒（*Mangifera pajang*），个头大如甜瓜

越南街头芒果摊

泰国夜市上的芒果沙拉

人类和芒果的故事非常悠久，亚洲热带地区的水果市场几乎常年都可以看到芒果的身影。在印度，芒果的栽培历史已经有4000年，后来渐渐出现了大批的水果育种狂人，以人工培育出特别口味的芒果品种为骄傲，如今世界范围内人工培育的芒果品种估计已经超过1000种。芒果拉丁学名的种加词部分"indica"的意思就是"印度的"。印度有一位灵修士叫做帕拉宏撒·尤迦南达（Paramahansa Yogananda），他写过一本乔布斯生前最爱的书《一个瑜伽行者的自传》，其中写道："如果印度没有芒果，不知道会是什么样子。"书中还专门写了一段他们在路边摘芒果的经历。

澳洲的芒果品种通常果形偏圆，肉厚。

泰国看到的芒果品种

泰国看到的芒果品种

沙巴水果市场中芒果也是主力军

在新加坡，芒果树经常被用作绿化树，虽然经常结果，但所有权是属于国家园林局的，法律并不允许摘，偷摘果子可能会面临巨额罚款的风险，所以经常可以看到路边掉了很多芒果无人捡拾。到了南亚或者东南亚其他国家就会发现，很多居民家的房前屋后都有种植芒果。想吃的话一般只要友好地过去打招呼，不用担心语言沟通不了，在摘果子这种事情上，简单的肢体语言和渴望的眼神就足以把自己的想法表达清楚，主人一般都会欣然同意，可以自己摘或者等树的主人从家里拿出来工具帮你摘。

新加坡邻居家种的比较常见的本地芒果品种，个头比较小，纤维却比较多，做芒果布丁味道很不错

新加坡绿化用的一种芒果树，疑似象牙芒

吃法

　　如果摘到的芒果还没有完全熟，可以像当地少数人一样把它做成蜜饯，但大多数本地人还是把生芒果当沙拉吃，青绿色的皮去掉以后把果肉切条或切丝，撒上各种调味料直接拌着吃。

泰国用青芒果切条拌调料当沙拉吃

　　最好的吃法还是摘熟了或者快熟的芒果，放一两天，等果实变软了就可以吃了。熟芒果直接洗干净，沿着扁核两侧各切下一大块儿带皮的果肉，然后在果肉的一侧画交叉的线条，最后把果皮内翻，就成了"芒果花"，这时，可以直接大快朵颐地抱啃了。

　　曾经见过一个印度小哥吃芒果，他的方式很独特。他先把芒果尖附近的果肉捏软，再在芒果尖上咬破一个小洞，然后像吸果冻一样吸到嘴里，吸完以后再往下捏，吃多少捏多少，吃不完的只需要把顶端小口处理好就可以暂时保存起来，干完活回来接着吃，吃到最后就只剩下芒果皮和芒果核了，操作简单方便。

用刀划十字交叉线切芒果花

芒果还可以打果汁，做果冻，等等，但来到泰国，当地人一定推荐的跟芒果有关的一道当地美食就是芒果糯米饭！我每次到泰国一定要吃这道美食。这种美味所使用的芒果的甜味、香味、成熟度都非常好。所搭配的糯米饭也很讲究，一般是要提前和香兰叶一起蒸好并冷藏，有的还会再加一些天然植物色素染色，吃的时候再淋上一些调味椰浆，芒果的香甜软滑加上透着凉气的椰味糯米，一起在齿间和舌头上打转，这种体验，甜过初恋。路边很多流动小摊都在卖。芒果都是现切的，很多时候连座位也没有，就站在路边拿小塑料勺子自己挖着吃。别看就餐条件简陋，吃到嘴里的一瞬间就会被这道美食征服了，最后擦擦嘴，心满意足地昂头挺胸而去。总觉得这种场景和在东北大冬天里吃烤鸡翅喝啤酒一样洒脱快活。在做这些看似不太和谐的事情的时候往往是艺术和生活贴得最近的时候，非常接地气，事后浑身说不出的舒畅和痛快。

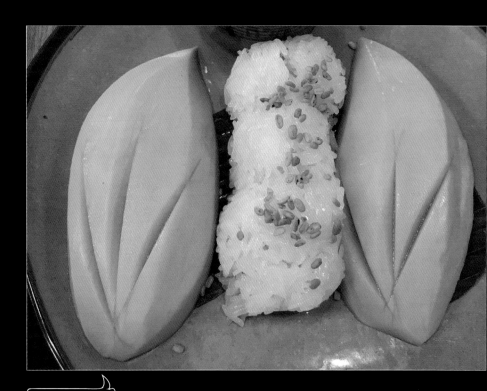

泰国芒果糯米饭

　　常见的普通芒果吃多了就非常想尝试一下野生的芒果什么味道。最方便实现这个愿望的地方就是婆罗洲北部的古晋，也被称为猫城。这里生活节奏非常舒缓，就连路边的猫感觉都异常慵懒。这里物价低廉，交通方便，很容易亲近大自然，适合旅游度假。

　　一个礼拜六的上午，我很早就起床打车向古晋规模最大的古巴利亚周末市场（Kubah Ria Sunday Market）出发。在路上一直没觉得有市场的气息，直到过了一个桥，车掉头转向一条比较窄的路，没开多远，整个市场才渐渐映入眼帘。从外面看依然看不出什么，因为多是一些固定摊位，平时也会有卖东西的，最吸引人的是里面只有周末才有的地摊。我带着相机赶紧冲进去，里面有一排排的彩色遮阳棚子，棚子下面就是当地土著居民从乡下带过来的特色水果蔬菜等食材。大概扫一眼，目测了一下棚子的整休数量，忽然发现几个没拍过的目标物种，其中就有一种野生的芒果：巨果芒。笔者对此觊觎已久，这次终于猎寻到了，不禁暗自窃喜。因为发现不止一处有卖，于是我故作矜持，从第一个摊位开始地毯式搜寻。

第一眼看到巨果芒差点以为是巨型土豆

　　我匆匆扫荡完其他的摊位以后很快就到了一个卖巨果芒的摊位，这摊主是个华人，应该只是倒卖的，价格有点离谱，于是就果断放弃，到一个一看就是当地土著的摊位前停下脚步。摊主是个身材瘦小，皮肤棕黑色的中年马来族妇女，她不懂英语，笔者只能厚脸皮用结结巴巴的马来语跟其交流，她竟然很好说话，我用很便宜的价格就买了两个。我向她示意要现场吃一个，她就从货堆里面翻出来一把小刀，这种野芒果皮比较厚，她就先用小刀在果子上画两个首尾相交的弧线，

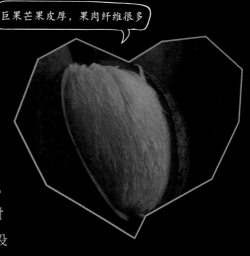

巨果芒果皮厚，果肉纤维很多

然后撬起一端，这片果皮就跟厚香蕉皮似的被撕了下来。她切了一小块儿，一边笑着递给我一边说"Asam"，只怪我当时对这个词还不熟悉，以为是甜的意思，迫不及待地尝了一口以后瞬间懂了，原来她说的是酸！她就在一边看着我笑，这时我居然还能顾及面子，咬咬牙硬是没有给马上吐掉，后来感觉这个酸还是可以接受的，就是纤维太粗太多，吃完还剩一嘴果渣，不得不吐出来，就像啃了一口酸味的甘蔗。野生的芒果还有几十种，都有不同的味道，想想就忍不住期待早日踏入下一次猎寻之旅。

封号

在来东南亚之前我一直觉得芒果应该就是热带水果之王，后来接触到了榴莲，芒果的王之封号我觉得还得重新思考。显然，无论从果实的霸气程度还是从果树的高大程度来看，芒果并不是榴莲的对手。

后来，我认识了一些果农，了解到芒果树栽培管理过程中有一个非常重要的环节就是修剪枝条。有经验的果农会通过合理修剪来增加芒果的产量，有较高的技术含量芒果树也被誉为"果树中难啃的硬骨头"，"硬骨头"也颇有身经百战、越挫越勇的气质，根据这种气质，我觉得不妨把芒果冠以"水果将军"的称号。

正名

"芒果"名字的准确写法其实应该写作"杧果"。从部首来看，两个字的区别是一个是"木"，一个是"草"，芒果是树，而不是草，显然"芒"字用得不够恰当，但现在很多人已经用习惯了，语言和文字最根本的还是在于沟通和交流，所以，在日常生活中不必强行纠错，不妨一直将错就错下去。

了解更多

1. 芒果（*M.indica*）的果核
2. 臭芒果闻起来味道比较强烈，吃起来酸味重
3. 水果摊上诱人的芒果
4. 沙巴路边卖的青芒果
5. 臭芒果（*M.foetida*）的嫩果
6. 臭芒果的花是醒目的红色

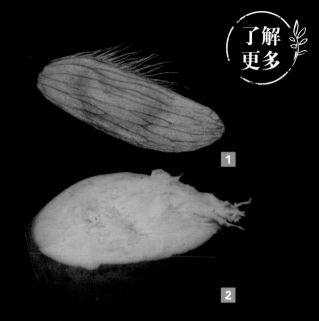

南洋橄榄的花

06 内心狂野

南洋橄榄

● 南洋橄榄小档案

科属｜漆树科 槟榔青属

拉丁学名｜*Spondias dulcis*

水果辨识｜小乔木，通常高不过2米，花比较小，果实卵圆形，大小如槟榔，成熟前绿色，成熟后发黄

地理分布｜热带地区广布

常见度｜☆☆☆☆

推荐度｜☆☆☆☆☆

南洋橄榄的果

名字

南洋橄榄并不是真正的橄榄，而是因为外形有点像橄榄，在南洋地区比较广布，因此得名。直接入口口感脆脆的，有一股清甜，像梨子一样，因此也被称为沙梨。

沙捞越当地市场卖的南洋橄榄

吃法

南洋橄榄吃起来和其他水果略有不同，一般是在八九成熟的时候就摘下来打成果汁，主要原因有两个，一个是可能等到完全成熟的时候口感就不太好了，还有一个原因是成熟以后里面的果肉纤维就会比较坚硬，不利于打果汁。

南洋橄榄的味道是复合型的，通常被用来做成果汁，果汁在不同的地区叫法也不同，印尼叫"可咚咚"（kedongdong音译），马来西亚叫"安不拉"（ambra音译），新加坡叫"巴隆隆"或者"瓜隆隆"（balonglong音译）。做成的果汁有一股混合了橄榄、柑橘、青杏甚至是百香果的味道。

果核

南洋橄榄对我而言，最大的吸引不是它的果实有多好吃，而是怎么玩。它所在的属为槟榔青属，全世界大概有12个种，主要分布于热带美洲和热带亚洲，中国有3个种，主要产于南方。这个属的果核很有特点，尤其是果核的纹路。从没有想到过看着很普通的青绿色果皮下面包裹着的竟然是一颗狂野的内心！

狂野的内心（南洋橄榄的果核）

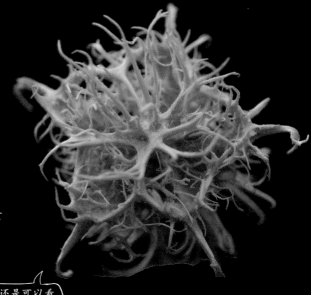

南洋橄榄嫩果表面有一层"盐霜"

第一次偶然间吃到了一颗比较成熟的南洋橄榄，着实被里面的纤维吸引了，研究把玩了好多个才总结出以下经验：果实的成熟度最关键，挑果的时候要找果肉稍微软一些的，但太软了也不行，因为里面的果核已经没有那么硬朗，不方便后面的操作。太生了也不行，果核还没有木质硬化而且果肉很难剔除。找到合适的果子，处理的方法就很简单了，就是用手或者筷子把大块儿的果肉给去掉，然后用牙签一点点把果肉掏空，剩下一个完好的果核，操作过程中尽可能配合水流，一气呵成，这样颜色会比较均匀，然后在硅胶等干燥剂中快速干燥或者放在阳光下快速晒干。

果核正面还是可以看到漆树科典型的五个洞

1. 南洋橄榄的"亲兄弟"黄槟榔青（*S.mombin*），果实成熟以后会有一种特别迷人的香味

5. 黄槟榔青的果核很中规中矩

2. 南洋橄榄的"亲哥"槟榔青（*S.pinna-ta*）果肉味道和南洋橄榄很像，但植株高大很多

3. 槟榔青的果核也比较中规中矩

4. 黄槟榔青树形很高大，果量很丰富，果汁在口感上也很有层次感

刺果番荔枝

刺果番荔枝的果

刺果番荔枝的花

● 刺果番荔枝小档案

科属	番荔枝科 番荔枝属
拉丁学名	*Annona muricata*
水果辨识	小乔木，果表面有较粗大的肉刺，成熟前绿色，成熟后透黄。通常因为发育不均匀而显得奇形怪状
地理分布	原产热带美洲，现全球热带地区广布，国内在云南、海南相对常见
常见度	☆☆☆☆
推荐度	☆☆☆☆☆

红毛

　　刺果番荔枝有一个响当当的名号叫"红毛榴莲"，但它的果皮和皮刺明明都是绿色的，跟"红毛"似乎也扯不上什么关系。至于为何叫这个名字，一直没有找到合理的出处。我揣测大致可能是和南洋一代的华人对西方人一个描述外形的称呼有关。

　　在新加坡、马来西亚、中国台湾等亚洲多个国家及地区，华人对西洋人（白人）的一个统称是"红毛（Ang Mo）"。可能最初亚洲华人看到荷兰人毛发多为红色，就用这个名字称呼白人，后来逐渐传播开了，西方白人就成了"红毛"了。新加坡有一个地区的名字就叫宏茂桥（Ang Mo Kio），这个名字中的"宏茂"就是"红毛"的谐音。

很多西方人难以接受榴莲的味道，但外形和个头都酷似榴莲的刺果番荔枝却意外地深受"红毛"们的喜爱，可能正是这个原因，这种水果才被叫做红毛榴莲。当然也有另外一种说法是西方人把刺果番荔枝传播到亚洲地区，当地人误以为西方也有榴莲，而且就长这样，于是刺果番荔枝便有了"红毛榴莲"这个名字。

溯源

刺果番荔枝是番荔枝科番荔枝属很常见的一种高档水果，虽然是从遥远的热带美洲引进到东南亚的，但它并不孤单，有好多"兄弟姐妹"都

番荔枝(*A.squamosa*)也叫释迦果

山刺番荔枝(*A.montana*)　　牛心番荔枝(*A.reticulata*)　　被改良的刺果番荔枝个头很大

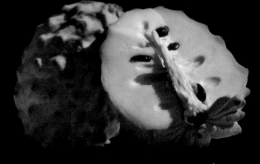

圆滑番荔枝(*A.glabra*)

已经在热带亚洲广泛种植，最常见的就是释迦果（番荔枝）、山刺番荔枝、牛心番荔枝、圆滑番荔枝等，此外，也会有一些杂交品种以及改良品种进入水果市场。

挑选

番荔枝科水果成熟时果实会芳香四溢，果肉也变得柔软多汁。刺果番荔枝也一样，因此，可以根据这个特点来挑选成熟度刚好的果实。一般市场卖的都是硬的，需要在温暖的条件下催熟。判断是不是可以吃了的方法就是用手轻轻按一下，变软可以按得动

国内市场上常见的凤梨释迦(*Annona* × *atemoya*)是由毛叶番荔枝（*A.cherimolia*）和番荔枝杂交而来的选育品种，非常受市场欢迎

就可以了。有一些朋友抱怨番荔枝不好吃，没什么味道，可能就是压根还没熟所以口感不好。

刺果番荔枝香甜的果肉中夹杂着微微的酸味，很刺激食欲。美中不足是成熟以后就不能长期保存，需要尽快食用，不然容易烂掉，实在吃不完剩下的可以用保鲜膜封好放冰箱冷冻，想吃的时候再拿出来用勺子挖着吃，原汁原味的红毛榴莲冰淇淋就是这么"炼成"的。

抗癌

很多不明来源的资料说刺果番荔枝有着极强的抗癌功效，还可以延缓衰老，甚至有降血压治糖尿病等神奇疗效，所以东南亚市场上会把刺果番荔枝打成果汁来高价出售。仔细想想，好像每种有名气的水果成名后都会被冠以类似的"功能"，不可否认这些水果中维生素对维持生命健康所起到的重要作用，但遇到一些特别夸张的宣传，大家还是需要保持警惕心理加以甄别。

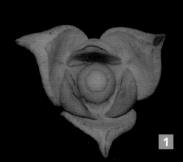

了解更多

1. 刺果番荔枝的花特写

2. 山刺番荔枝的花苞

3. 一般的刺果番荔枝个头不会特别大，容易长成奇形怪状的

4. 刺果番荔枝切片打果汁非常好喝

5. 刺果番荔枝种子特写

6. 番荔枝的嫩果

7. 常见的番荔枝一般是绿色的，也有紫色的

8. 山刺番荔枝和刺果番荔枝很容易弄混，花的区别在于山刺番荔枝花瓣比较光滑

9. 山刺番荔枝的果柄比刺果番荔枝要长，皮刺细很多

10

13

14

10. 牛心番荔枝的花和番荔枝很接近，区别在于牛心番荔枝植株比较高大，叶片比较大，而且长

11. 番荔枝的花

12. 圆滑番荔枝花瓣比刺果番荔枝要钝一些，而且花瓣里面是明显的深红色

13. 牛心番荔枝成熟后果皮变成红色，容易被鸟啄食

14. 圆滑番荔枝果实表面比较光滑

15. 圆滑番荔枝成熟后果肉黄色，吃多了容易舌头发麻，不建议多食

16. 圆滑番荔枝花的解剖照

15

12

11

16

东南亚水果猎人——不乖书生与水果的热恋之旅·初识

米糕果的花

听书生和你聊枇杞 扫一扫

08 牛奶释迦

米糕果

● **米糕果小档案**

科属｜番荔枝科 霹雳果属

拉丁学名｜*Rollinia mucosa*

水果辨识｜小乔木，果个头较大，皮刺通常粗大，肉白色，口感似米糕，味道像柠檬蛋白派、米糕、柠檬、番荔枝的综合

地理分布｜原产自中南美洲，东南亚地区引种栽培，中国广东、海南、台湾地区也有种植

常见度｜☆☆☆

推荐度｜☆☆☆☆☆

米糕果的果实

偶遇

　　4年前，我在婆罗洲最中心的位置考察评估当地的药用植物。当时，那地方没有酒店，只有几间当地居民搭建的木屋，也没有电，只能靠自己带去的发电机发电，饮食也很当地化，我并不是很适应，去那里之前我是吃不了辣椒和咖喱的，但是在那里考察了十几天之后再回到新加坡就什么都能吃了。

　　有一天接近天黑，领队带回来了一箱子奇怪的水果，听说还非常好吃，大家瞬间就蜂拥而上，争着要吃。疯抢的时候我正浑身发抖着在冲澡室里冲凉，冲澡的地方在室内，有一个大桶，一根细细的水管直接连接到山上的一个小溪流，冰凉的溪水就顺着管子流到桶里面，室内有排水沟，溢出来的水就直接沿着排水沟又回归到了溪流里，那个时候是雨季，一直有水流，桶一直处于溢满的状态，活水虽然很干净，但是很凉，冲澡的时候就用手先捧一点水，闭着眼往身上快速淋洒，全身的肌肉都在准备迎接这种冰凉的挑战，浑身哆嗦，两条腿不停原地上下踏步，慢慢适应了这个水温，就得赶紧打香皂，冲身子。没有热水的原始林子想要洗个舒服的澡还真不容易，每次洗完出来，晚上的山风吹透浴巾，能让人打几分钟哆嗦。

换了身干净衣服就觉得暖和多了，这时大伙已经在吃米糕果了，因为这种水果比较大，有的人直接切成两半，整个脸贴上去抱啃，最后鼻头上、眉毛、额头上都是米白色的果肉。有的人会比较矜持一点，用小刀把果子划开成小片，慢慢享用。被冻成狗一样的我赶紧过去，发现米糕果还有，暗自欣喜，以为专门留给我的，原来却是大家都快吃撑了，实在吃不下剩下的。据领队说，米糕果是在路边的一个小摊看到的，价格很便宜，论堆的，平均下来一个大概不到五块钱人民币。因为果子已经完全成熟了，不能久放，明天果肉就会化水，所以必须今晚吃掉。

同行的一个教授刚处理完事情，也还没有吃，我俩就先拍了照，再一起分享。我们挑了一个大个的，用刀小心翼翼地切成两半，白色的果汁就开始流了出来，绿色透黄的果皮里面竟然是那么白嫩的果肉，很像米糕，果肉里面有一些黑色的种子，这些就是植物和动物的潜规则：我给你们果实吃，你们帮我传播种子。这种潜沟通是一种人类和米糕果之间不成文的契约。

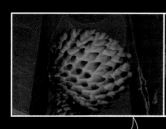

拍照的时候米糕果就只剩下两个了，大个头的很大

米糕果对半切开，果肉白色如米糕

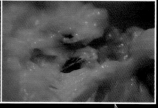

果肉香甜软糯，不可多得的美味果实

米糕果的花瓣两轮，有一轮花瓣比较短，但依然严格遵循番荔枝科的三基数

　　定睛注视着这个被切开的果子，我仿佛看到了阳光，看到了雨露，看到了清新的空气，看到了甘甜的溪水，我不由得想得更远，为了孕育这么一个果子，这株树需要制造多少的叶绿体？需要累积多少的能量？此外，还要想尽一切办法尽可能多地吸收阳光，制造出花香来吸引匆匆而过的甲虫来帮它传粉，授粉完成还要低调地把果实一点点养大，还要防范虫子的侵害，直到成熟的时候才会释放出香味，吸引有价值的传播者来帮助它们传播种子，这么多的美味果肉就是为了犒劳传播者，任何一个环节出问题都可能导致这个传播过程中断而被时间和自然淘汰，这个过程没有丝毫多余的步骤，非常精准。一切原料从自然中来，最终也将回归自然。植物需要多努力才可以从万年前看似轻松地存活到现在，依旧结出美味的果子。如今，这颗充满了生命传播奇迹和希望的果子就在我的面前，散发出诱人的果香，祖先留在我身上的远古基因仿佛已经被唤醒。

正在枝头孕育的米糕果

　　"开吃吧"，教授在一旁看了看拍好的照片，又看了看正在跑神的我赶紧催促道。我拿了较小的一块儿，刚把果肉送进嘴里就有一种触电的感觉，这种味道前所未有，直接刷新了之前的所有对食物的记忆，大脑的神经细胞在飞速地相互连接重叠来记忆这种前所未有过口感，舌头每搅动一次，大脑皮层的神经就会兴奋一次，整个人会产生一种前所未有的体验，大脑显然不能充分解读这突如其来的信息量，只能快速记忆，录入在大脑数据库里面，链接好神经元，下次再遇到的时候可以直接快速调取。

每种生命都有自己独有的语言，这种水果用它的"语言"跟我沟通，这种无声的交流让我感受到美好，感受到了生命的美好。

米糕果比较小个的品种，刺也比较短

回味

后来真正踏上猎寻水果的路才发现，米糕果在东南亚比较传统的水果市场算是比较常见的，而且似乎还有不同的形态，有的个头大一些，有的个头小一些，有的皮刺长，有的短。但味道上都是差不多的，每每遇到，一定买着吃，瞬间就可以穿透时空，看到当时那个刚洗完冷水澡，吃到美味水果后忘我地给它拍照的少年。

这种米糕果刺比较长，个头中等

正名

大凡能被广为流传的水果名字，通常具有两个特点：第一，名字生动贴切，容易记

米糕果有的个体皮刺很粗大

忆，听了以后让人印象深刻，深感好奇，吃了以后更加感受到名字之妙；第二，读写简单，容易传播：跟别人描述时不容易有歧义，书写简单。

米糕果原产自美洲，引进过来的时候并没有统一的中文名字，到了不同的地方就出现了不同的名字，比如楼林果、霹雳果等。它的果肉很细腻，口感很软，如果没有种子就真感觉在吃奶香味的米糕一样，再加上和释迦果（番荔枝）是表亲，就有人称之为牛奶释迦，这个名字也可以接受，但果皮外面的皮刺比释迦果要疯狂多了，根据果肉颜色和口感都像米糕这个特征，叫米糕果可能会更合适。

了解更多

1. 米糕果花的特写
2. 米糕果的嫩叶
3. 没有完全成熟的米糕果还可以多放两天，看皮刺的新鲜度可以大概知道摘下来的天数
4. 挑选米糕果的时候，选择发黄的果实就可以当场吃，放一天后吃味道更好

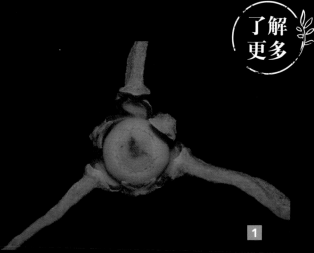

香波果

香波果的花

香波果小档案

科属｜番荔枝科 香波果属

拉丁学名｜*Stelechocarpus burahol*

水果辨识｜乔木，老茎生花，果实直接长在树干上，椭球形，棕褐色

地理分布｜原产东南亚，常见于印尼爪哇岛

常见度｜☆

推荐度｜☆☆☆☆☆

香波果的果

传奇

　　在每个热带水果猎人的猎寻清单之中，都一定有一种让无数人为之着迷的名字：香波果。这是一种传奇的水果，传说吃了以后浑身都是香的，就连流汗、小便、放屁都有股淡淡的紫罗兰香，很多偏执的权贵不惜一切代价都要吃到这种水果。而这种水果的分布地区又非常有限，目前找到的几个点都只分布在印度尼西亚的爪哇岛。

香波果的果

猎途

在强烈好奇心的驱使下，我专门去了一趟爪哇岛。去之前已经联系好当地朋友，安排好路线和几个可能找到的点，又恶补了两天印度尼西亚语便出发了。在印度尼西亚最不方便的就是交通和语言，没有经验的话很可能出现的结果就是水果没找到，自己把自己丢了。

结果还是防不胜防。从新加坡出发抵达印度尼西亚雅加达机场，再从机场打车去火车站，因为货币使用不习惯，本来打个车花费20万印度尼西亚盾就已经差不多了，结果没防备，就被坑了200万印度尼西亚盾，等到买火车票的时候才发现，身上的现金所剩无几，买完火车票身上就只剩下十几万印度尼西亚盾现金，仔细一算才恍然大悟，打电话给那个司机，他起初支支吾吾几句就挂断了，后来再怎么打也不接电话了。抵达目的地附近的城市已经是当地时间晚上11点，我拖着疲惫的身躯找到了一家火车站附近的酒店，结果祸不单行，信用卡因为异地取现被怀疑盗刷就给冻结了，住酒店都没办法刷卡，往身上一摸，只有300新加坡币的现金，但是酒店不收异地货币。那个时间货币兑换点都关门了，第二天还是礼拜天，依旧不开门，国内的手机支付软件在印度尼西亚都不好使，没有别的办法必须要用这十几万现金（大约合70元人民币）生活一天两夜。当时那个状态，跟《泰囧》有一拼，没想到，我一不留神就来了个"印尼囧"，还好，最后我把新加坡现金抵押办理了入住手续，很快洗漱一番就睡下了，折腾了一天，我当时能做的就只有休息，赶紧把自己调整到最佳状态。

一觉到天亮。起来以后，我满血复活，昨天的坏心情一扫而光，住的是高楼层，拉开窗帘，

从酒店望向远处的火山

香波果的果实茎生，可以长在树干上也可以长在树枝上，长在树干上较为壮观

看着楼下一排排的小房子和远处的火山，心情无比舒畅。目光从远处收回，扫到了楼下的某个小院子，院子很精致，种了好多果树，看到水果，我瞬间两眼放光，对啊，我这是来找香波果的！于是，我马上从懒洋洋的城市生活模式迅速切换成了水果猎人模式。

在酒店的帮助下，我找了车和当地的司机，向着之前就选好的地点出发了。不知道是不是否极泰来还是它并没有传说中那么稀有，在第一个地点就找到香波果了，眼睛瞟到果子的一刹那，感觉瞳孔因为找到匹配的目标而突然放大，凑过去仔细观察树干上的果实和翠绿的花瓣，确定是它以后内心开始无比澎湃，但表面却装作很平静。四处望去，找到一块比较平坦的地面，光线也合适，把摄影布铺好，解剖刀、比例尺都准备好，端起相机噼里啪啦一顿狂拍，各种角度各种姿势都用上了。终于拍

香波果的花瓣两轮，每轮都是3瓣

尽兴了，再掏出来手机补拍几张备用。司机在车上无聊地翻着手机，他可能永远也无法理解一个外国人这么远跑过来就是为了拍一种奇怪的果子。

验证

成熟的香波果香气迷人，果香像芒果，又有点像菠萝。种子比较大，果肉成熟前为白色，成熟后为黄色，吃起来香甜为主又有点有小刺激的感觉。可能是心理作用，吃完香波果，我整个人都感觉轻飘飘的，当然也可能是因为找到了这种果子的满足感，往自己身上闻了一下，也没有什

香波果经常在成熟以前就被动物给吃掉了

么特别的味道，可能是我本身就不怎么出汗，即使出汗自己也很难闻到自己的味道。我回到酒店，多喝了一些水，然后就是静静地看书玩手机等着尿意袭来，终于有感觉了，赶紧跑到洗手间，把门关上，排除一些可能的干扰因素以后就开始体验这种感觉，然而并没有想象中的紫罗兰香味在整个空间弥漫，可能是吃得还不够多，也许要多吃几顿，也可能是我肠道内的微生物群落太强悍，香味都给分解完了。唯一有明显效果的是吃过以后口腔会有香味，这次验证并没有十分成功，也许方法不对，刚好可以留个再次验证的念头在脑海里打转儿。

1. 香波果花谢后，果实正在酝酿

2. 香波果花的解剖

3. 香波果刚长出的嫩果是绿色的

4. 蚂蚁爬上来保护香波果

5. 果实逐渐发育，会有很多果实被淘汰

6. 果实逐渐膨大，最后比乒乓球还大

7. 树枝也可以生长果实

8. 果实中间种子比较大，成熟后果肉黄色

9. 香波果的叶子和普通番荔枝科的很接近，揉一下有股特别清新的香气

大花紫玉盘

大花紫玉盘的果

● 大花紫玉盘小档案

科属｜番荔枝科 紫玉盘属

拉丁学名｜*Uvaria grandiflora*

水果辨识｜多年生木质藤本，花朵艳丽硕大，果实
长圆柱状，成熟后为黄色

地理分布｜原产东南亚地区以及中国广东、海南、
云南等地

常见度｜☆☆☆

推荐度｜☆☆☆☆☆

大花紫玉盘的花

听闻

　　早期刚接触植物分类的时候，我还没有系统学习番荔枝
科，对这个科的植物了解得还比较少。平常有不认识的植物或者想看一些别
人拍的植物照片，就加入一些网络社交群组进行交流，里面有很多跟我兴趣
差不多的植物爱好者，也有不少专业人士，大家不分尊卑，不分彼此，畅快
交流，很是热闹。那个时候就经常看到有人发大花紫玉盘的图片问名字，很
快就有前辈鉴定出来，而且介绍到它的花好看，果也好吃。这种花好看，果
也好吃就被我记住了。但是在新加坡我一直也没有见过这种植物，还一度以

为只是国内才有，所以就没有很放在心上。

初见

有一次，我跟往常一样在新加坡植物园里面不定期拍植物，忽然看到一丛又像灌木又像藤本的植物里面有一朵紫色的花盘，很不和谐，感觉很熟悉却又很陌生，走近了仔细看才发现，它的花真的很大，直径将近7厘米，远远望去，可不就像个紫色的玉盘吗！总算是把印象中的照片和实物对上号了。见到过这么一次之后才发现其实很多地方都有。

熟悉

大花紫玉盘之前的很多资料都是我从中国的植物资料里面查到的，那些资料对于东南亚的原生植物研究有很大的局限性，我不得不从本地的一些植物资料入手，查阅大花紫玉盘的更多信息。这才知道，原来大花紫玉盘的分布区域不仅仅是在中国，在东南亚其实更多，模式标本就是采集于马来半岛，在东南亚看到它完全不稀奇。

它的花瓣分成两轮，内轮3瓣和外轮3瓣，一共6瓣。轻揉一下叶子，有一股番荔枝科特有的香味飘出来。如果把粗一点的茎的外皮撕下来，会看到包裹着的木质结构最外层有一层网状结构，这也是这个科的鉴别特征。

看到的花6瓣其实是两轮，外3瓣，内3瓣，两轮花瓣宽度略有差别

邂逅

　　大花紫玉盘植株较小的时候像小灌木，长大以后才发现它其实是藤本，在国内南方的植物园里几乎都可以看到。在东南亚的雨林里面也相对比较常见，但是能碰到成熟度刚刚好又够得着的果实非常少见，因为很可能还没等人看到就被鸟儿给吃了，通常在野外能看到花就很不错了。因为比较容易栽培，花朵艳丽，果实好吃，很多植物园或者私人花园都喜欢栽种一些。第一次看到大花紫玉盘果实的时候简直震惊了，果皮是橙黄色，像一根根橙黄的手指，包裹着种子的部分圆鼓鼓的，神似手指的关节。还没有见过哪种水果是这种形状，最接近的可能算是香蕉，但是又很不一样。

　　这种水果吃起来比较清甜，果皮还依然保留着番荔枝科特有的芳香，果肉又像自然成熟的野芭蕉，但并不细腻，有一点木通科钝药野木瓜果肉的粒涩感，种子不少，而且比较硬，第一次吃的时候一定悠着点儿。

大花紫玉盘的果像一根根橙黄色的手指

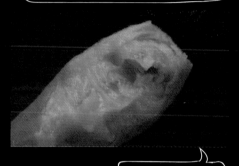

大花紫玉盘的果肉

木通科钝药野木瓜的果肉有粒涩感，大花紫玉盘果肉看上去很相似

钝药野木瓜（*Stauntonia leucantha*）也是有很多的种子，每颗都有点"偏心"

东南亚水果猎人——不乖书生与水果的热恋之旅·初识

1. 大花紫玉盘的花半开状态

2. 大花紫玉盘的幼果

3. 大花紫玉盘未成熟的果实

4. 大花紫玉盘果被鸟啄食，露出可爱的种子

5. 家里种植大花紫玉盘，果实能给孩子带来不少惊喜

6. 海滨紫玉盘（*U.littoralis*）的花

7. 锈瓣紫玉盘（*U.micrantha*）的花非常小，只有不到1厘米

8. 紫玉盘（*U.macrophylla*）的花

9. 和"姐姐"大花紫玉盘比起来，紫玉盘的花就小很多了

10. 紫玉盘的果比较小，没有很高的食用价值

11. 锈瓣紫玉盘的果

了解更多

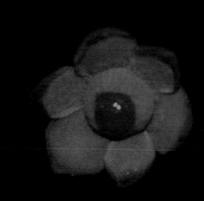
7

8

9

10

11

刺黄果

11

毒中尤物

刺黄果的果

新书生和你聊植物
扫一扫

● 刺黄果小档案

科属｜夹竹桃科 假虎刺属

拉丁学名｜*Carissa carandas*

水果辨识｜小灌木，植株有刺，花白色螺旋状，植株有乳汁，果成熟后深紫红色

地理分布｜原产东南亚，目前很多热带亚热带地区有引种种植

常见度｜☆☆☆

推荐度｜☆☆☆

毒物

夹竹桃科植物通常叶子对生，有乳汁，花瓣白色，通常5瓣。这个科绝大多数都是有毒甚至是剧毒的。比如最经常看到的夹竹桃和海芒果就有剧毒，在印度，有些人想不开，就吃海芒果（*Cerbera* spp.）来结束生命，所以在印度，海芒果也叫自杀树。

刺黄果的花

蔬菜

迄今为止，人类只发现了这个科的少数种是可以被食用的：鸡蛋花（*Plumeria* spp.）、夜来香（*Telosma cordata*）的花可以吃，南山藤（*Dregea volubilis*）的花和嫩果也可以吃，酸叶胶藤（*Urceola rosea*）的叶可以吃，云南羊角拗（*Strophanthus wallichii*）的果以及国外的一些多肉类群，如菜水牛角（*Caralluma edulis*）、火星人（*Fockea edulis*）等也都可以吃，大多是作为蔬菜处理后食用。

水果

毛车藤果肉清甜，搭配辣椒味精等混合在一起制成的"蘸水"最美味

在云南，这个科有一些植物的果实可以作为水果食用，但一般并不会什么都不加就直接生吃。比如果肉有淡淡清甜味的毛车藤（*Amalocalyx microlobus*），最好和当地特别的"蘸水"一起吃才会更有味道。还有一种翅果藤（*Myriopteron extensum*），果实表面有很多层很有艺术感的"翅"，可以刮成丝来拌成沙拉吃，味道有点像笋丝，口感和毛车藤很接近，如果能腌制一下会更加好吃。

毛车藤配"蘸水"，吃出云南的味道

翅果藤的果实充满艺术感，让人不舍得吃

偶遇

在泰国曼谷市区不远的地方，有一个特别具有代表性的水上集市叫丹嫩沙多水上市场（Damnoen Saduak Floating Markets）。当地居民用小船满载着水果蔬菜香料等在水上进行交易，不是很宽的水上街道会被五颜六色的小船所填满，彩色的服装和各种特别的水果共同打造了一道视觉盛宴，在泰国颇有名气。

未成熟的果实颜色会逐渐变得越来越红

我第一次去水上市场的时候并没有赶上好季节，大多数水果并没有到收获季节，只有一年四季都有的椰子、番石榴、番木瓜等水果在售卖，船只也很少。参观完里面的椰糖制作中心，买了两包椰糖正打算返程的时候，忽然瞥见了岸边似乎有一种红色小番茄形状的果子，急忙让船夫停下船，靠稳以后一个箭步蹿了上去，开始仔细打量这丛翠绿色的灌木：绿油油的叶子在阳光照射

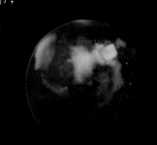

刺黄果的果实刚摘下来也有白色乳汁

下显得闪闪发光，白色的五瓣螺旋小花，果子刚开始是绿色的，后来逐渐颜色变浅，再逐渐变红，最后变黑紫色。根据经验这应该是夹竹桃科的，折断一小片叶子，发现瞬间有白色乳汁流了出来。这种水果只在书上见过，我还一直没有尝试过，跟当地人沟通后确认这就是一直在找的刺黄果。

我摘了一颗紫红色完全成熟的果子。拿在手里，感觉它的果肉很软，轻

刺黄果果汁血红色

刺黄果的种子薄片状

东南亚水果猎人——不乖书生与水果的热恋之旅·初识

轻挤破就流出来很多血色的果汁，晕血的人要慎重操作。尝了一点，酸甜中还带一点点苦，里面有几个小小的（薄片）种子。后来在泰国一般的超市或者路边也会看到有卖这种水果，只是成熟度还不够，颜色看起来比较鲜艳，果子吃起来比较酸，白色乳汁很多，很黏稠。

猎寻

认识刺黄果以后，我对夹竹桃科的水果总算是心里有数了，本以为探索会到此为止，没想到这才刚刚开始。

现在的我还会经常在脑海里出现的一个场景："这玩意儿简直太不科学了！"密实的热带雨林之中，我站在一棵巨大的龙脑香树下，像刚见证了一场魔术一样，对着被我啃了一口的果子如是说。

故事要从我和印度尼西亚水果猎人朋友们的一次网络聊天说起。他们在婆罗洲雨林里跟着水果季节整整猎寻了一个月才出来，然后给我随便发了一些照片。绝大多数都是我见过的吃过的，没什么太大兴趣。但是当我看到一种很像芒果的果子的时候，瞬间全身的注意力都跑到了眼前的照片上，很想穿透照片去摸一下它，嗅一下它的气味，尝一下它的味道！虽然不愿意承认，但翻了一大堆资料之后，不得不让人妥协，这种植物叫锚钩藤（*Willughbeia edulis*），竟然也是夹竹桃科的！

后来我只猎寻到锚钩藤的"亲兄弟"——革叶锚钩藤。它的果肉成熟以后很软，果香味很足，果肉竟然比刺黄果更加好吃，以甜味为主，只是恰到好处地加了一丝酸味，让人回味。

革叶锚钩藤（*Willughbeia coriacea*）

革叶锚钩藤的紫色种子不能吃

1. 刺黄果的"亲兄弟"大花假虎刺（*Carissa macrocarpa*）的果

2. 毛车藤果实的白色乳汁也很多

3. 刺黄果的刺

4. 大花假虎刺通常用来作为盆栽观赏，果实也可以食用

5. 大花假虎刺的花

龟背竹的果

12 魔鬼之果

龟背竹

● **龟背竹小档案**

科属	天南星科　龟背竹属
拉丁学名	*Monstera deliciosa*
水果辨识	大型攀援藤本，果实棒状，像玉米，完全成熟时可食
地理分布	原产墨西哥，现世界各地广泛栽培
常见度	☆☆☆☆☆
推荐度	☆☆☆

龟背竹的花苞

渊源

在北方，我很小的时候，就认识龟背竹了。那个时候，它作为绿化植物被圈养在小花盆里，只有几片叶子，叶子上还有一些天生的孔洞，有几分龟背的样子，挺好玩的。后来才知道它来自天南星科。这是一个很"变态"的科，植株小时候和长大了可以完全是两种不同的形态，叶子变化很大，常见的合果芋（*Syngonium podophyllum*）、绿

龟背竹的叶子形状像龟背

萝（*Epipremnum aureum*）在花盆里是一个样子，一旦回归自然，在适合的热带环境下快速生长的话，会变成完全另外一种形态。龟背竹也差不多，它在花盆里别看一副乖巧可爱的样子，一旦被丢在合适的环境里，就会快速生长攀爬在周围的大树上，可以长到十多米高，充分地伸展它的枝叶，吸收足够的阳光开花结果。晚上借着月光看它的影子，就好像看到一个巨大的怪兽，植物学家也是因为这个原因，用拉丁文"Monstera"来描述这些怪异大家伙的形态，种加词"deliciosa"则用来描述它的果实是很好吃的。后来英文则根据"Monster"称之为怪兽、魔鬼一样的植物，龟背竹的果实也被直接翻译成了魔鬼之果。和这种果实打过几次交道才发现这个名字其实起得很贴切。

爬树生长的龟背竹

泰坦魔芋（*Amorphophallus titanum*）的花

偏见

我一直对天南星科有一种偏见，因为这个科里能吃的植物很少，能食用的最常见的就是芋头（*Colocasia esculenta*），但芋头主产南方，作为一个北方长大的汉子我并不是很喜欢吃。北方有少数地方会种植芋头的"表亲"——花魔芋，魔芋凉粉和魔芋面条就是用花魔芋做的，能吃，但谈不上多喜欢，很多人甚至都不知道有这种植物的存在。但是花魔芋有个"亲哥哥"魔名如雷贯耳，叫泰坦魔芋，老家在印度尼西亚的热带雨林之中，开花的时候会散

发出一股尸臭，而且整个花序非常巨大，堪称世界第一，也叫做尸香魔芋、巨魔芋等。北京植物园以及西双版纳植物园都有过引种而且还开过花，盗墓、玄幻系列的小说以及电影中也最爱使用这种植物作为环境渲染。

真正加剧我对"这家子"偏见的是在中国云南的一次考察经历。那天偶遇了一个当地菜市场，看到有人卖芋头的花，据说可以炒菜食用，吃起来口感不错，队友想试试，就买了一些，回来加上辣椒一起炒了一盘菜。我试吃了一小口，入口小辣，因为有辣椒，咀嚼起来很有口感，但没有下咽，因为有一股说不上来的感觉，这种感觉越来越强烈，舌头像是被针扎一样，于是，我赶紧吐掉了，用大量水漱口十几分钟后才有所缓解。后来问当地人才知道，原来芋头的花需要有经验的人特别处理之后炒出来才好吃，新手不会做食用后很容易中毒。自此，天南星科植物靠芋头糕仅存的一点好吃的印象都被这次的中毒事件彻底冰封在了我的脑海深处。

未完全成熟的龟背竹
果实果肉发白（有毒）

初试

我一直不知道龟背竹的果实是可以吃的，直到开始写书，为了给读者最真实的体验，不得不重新解开心理上对这个科植物的封印，重新认识它。

平常看到的大多数龟背竹的果实在还没有成熟前就烂掉了，有一次看到几个果实虽然还没有完全成熟，却已经发黄了，于是，就提前摘了下来，放在密封容器内，想像闷香蕉一样把它们给闷熟。过了三天，估计它们差不多熟了，就铺好桌布，准备好餐具，然后就是正襟危坐地凝视着餐桌餐盘上的果子。大脑里面两个黑白小人开始打架了，一个说："吃吧，都准备了这么久了，大不了去医院，毒性没有那么强，电话还来得及打，医院救护车过来很快。"另外一个却抗议："不行，这玩意儿叫魔鬼之果可能还有深层含义，你这个还是不完全成熟的，有毒成分并不了解，风险太大，万一吃了发不出声音，打电话都叫不了救护车，吃了表面中毒啥的就把自己给坑了。"纠结了几分钟之后，脑子里两个声音终于达成一致协议：少量试吃，不要下咽，一旦发现问题，立刻吐掉。然后我郑重地拿出刀叉切了一小块儿放在了舌尖，果然，一股熟悉的天南星的"扎舌头"痛感再次袭来，我赶紧吐掉了，结论是，不经处理不要轻易尝试这种植物了。不禁暗暗叹道：魔鬼之果真不是浪得虚名！

未成熟的龟背竹横切面颜色不够黄

偶遇

不知道是不是跟魔鬼之果有缘，还是潜意识里一直不甘心，有一次，我在路边竟然偶遇几根完全成熟的龟背竹果实，果皮已经自动剥落，果肉已经变成了诱人的黄色，完全具备前人说的可以吃的魔鬼果气质，不行，这次一定得再试吃一次，大不了再被扎几分钟舌头！

这次魔鬼之果果然没有让人失望，自然成熟以后的果肉像玉米棒一样，香甜软糯，有香蕉的口感，还有菠萝的味道。需要注意的是：一些黑炭碎片一样的残存花药，会略影响食欲。魔鬼果不一定适合每个人吃，吃之前一定要少量试吃再谨慎决定是否继续。尽管和魔鬼之果经历过一些不愉快，最后不得不承认的是，龟背竹靠着一己之力，填补了整个天南星科在水果领域的空白。

自然成熟的龟背竹果实的果皮会从一头开始逐渐脱落

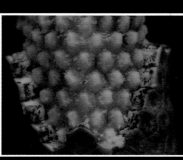

成熟后的龟背竹的果肉透着一股甜蜜诱惑

果肉中间夹杂着黑色的残存花药，最中间的圆柱不要吃

了解更多

1. 有些龟背竹叶子会带锦，更加漂亮
2. 龟背竹在合适的环境下开花结果的
   情况还是挺多的

1

2

13 天然口香糖

槟榔

槟榔树

槟榔的果

● 槟榔小档案

科属｜棕榈科 槟榔属

拉丁学名｜*Areca catechu*

水果辨识｜直立乔木，叶簇生于顶端，嫩果绿色，成熟后红色或橙色，胚乳截面嚼烂状

地理分布｜原产云南、海南及台湾，亚洲热带地区广布

常见度｜☆☆☆☆☆

推荐度｜☆☆

槟榔中间嚼烂状的胚

文化

　　槟榔算不上很好吃的水果，严格来说，甚至不算是水果。它没有什么甜美可口的果肉，果皮纤维还很多，但是它嚼烂状的胚可以作为天然口香糖直接食用，只是味道并不是每个人都可以习惯。不可否认的是，槟榔已经深深融入到东南亚、南亚以及中国南方人们的生活当中，形成了一种特别的槟榔文化。在接待宾客、男女交往、婚嫁聘礼、调解冲突以及宗教活动中，经常可以看到槟榔的影子，槟榔也因此被赋予了友善、感谢、尊敬或者歉意等含义。在明清时期，嚼槟榔被当做一种时尚，而且还是社会地位的象征，吃槟榔而变得"口红齿赤"说明家中富贵。据此，我们能想象当时北方的富贵公子哥大概的样子：

"左牵黄，右擎苍，锦帽貂裘"是标配。到了南方可能就不同了，南方的富二代则是"腰束金带，跨骏马，嚼槟榔"。槟榔逐渐从普通的果实变成了人们眼中的炫耀品，这个时候社会上就会有资金流入这个产业，吃槟榔相关的用具也都会随之迅速发展，吃槟榔也越来越讲究，最初是树叶包裹，后来用手巾、小袋子，再后来就有了木制的槟榔盒子，盒子不仅可以用，还可以放在家中显眼位置，招待来客，彰显自己的品味，当时的商家肯定也是通晓此道的，槟榔盒也就逐渐出现了铜制、银制、金制、锡制的，后来还成了婚嫁时女方必备的嫁妆之一。

时光荏苒，曾经辉煌一时的槟榔文化也逐渐在社会的更迭交替之中逐渐黯淡下来，但槟榔树却经历了一次次的洗礼依然挺立，或许它们已经习惯了人类在风雨之中的多变，始终如一地一次次开花结果，完成它们自己的生命轮回。现在有不少国家和地区依然保留着传统的槟榔文化，不少人依然还有嚼槟榔的癖好和习惯。

未成熟的槟榔嫩果也可以食用

在湖南，被熏制以后的槟榔更增添了几分辣味，长沙酒肆还会把槟榔捧成酒杯中的"名媛"，在酒杯中翩翩起舞，槟榔的些许清香和酒的刚烈更表现出了几分湖南人的侠义和豪情。在台湾，美女和槟榔组合在一起就成了"槟榔西施"，成为一道赏心悦目的风景线，槟榔也在某种程度上带动了台湾的经济，被誉为"绿色钻石"。在海南，留心观察街头地面，会注意到一些褐红色的不明"血迹"，这是有人咀嚼槟榔随地乱吐的痕迹，略有不雅，但多少也算是一个小特色。

历险

在东南亚，槟榔到处都可以生长，马来西亚的槟城就是因为早期种植了很多槟榔树而得名。当地很多土著居民非常喜欢嚼槟榔，尤其是开车的时候。有一次，我所驾的汽车在马来西亚高速公路上爆胎了，一时无法继续赶路，朋友临时安排了两个当地朋友过来接我们。他们离得不远，半个小时就过来了，开了一辆很另类的车，锈迹斑斑，到处是刮痕和碰伤，玻璃还掉了两块儿，扔在路边都没人知道这车还能不能开。两个土著朋友很热情，邀请我们三个人挤到后面一排座位。上车以后我就仔细打量车的内饰，果然和外观是高度统一的，同样破旧不堪。突然，我发现在车里面的后视镜上悬挂着一个硬纸壳折成的半截信封一样的薄纸盒，纸盒里面塞了满满的一摞心形的叶子，定睛一看是胡椒科蒌叶。土著朋友等我们都坐好，上车先抽出来一片蒌叶，从另外一个小袋子里面抖出来一些白色的蛎灰粉，

最后从口袋里拿出来一颗青绿色的槟榔嫩果放在叶子中间，包裹成一个绿色的球，塞进嘴巴里，嚼了几口，然后扭头看了看我们，嘿嘿一笑，露出了"血迹斑斑"的牙齿，颇有车人风格统一的感觉，然后就开车踩油门出发了，他自己开心了一路。后来才知道槟榔可以刺激提神，有轻微的兴奋作用。

市场上售卖的蒌叶（Piper betle）

吃醉

　　有一次，我到海南儋州跟朋友一起去考察七仙岭，路上见到卖槟榔的，我想试吃一下，结果被朋友劝告：吃槟榔得悠着点儿，初次尝试的人很容易醉槟榔。吃的时候和东南亚差不多，都是把槟榔和蛎灰粉，加上蒌叶混合在一起，蛎灰粉可能地区不同口味有所区别。三者混合好经过咀嚼就呈现红色的汁液，一边吃一边吐。入口的时候是苦的，慢慢地就会变甜，再吐出来的槟榔汁就和鲜血一般颜色，嚼多了以后会醉，表现就是脸颊红润，全身温乎乎的，如同喝了几杯红酒，感觉是挺好的，后遗症就是牙齿可能会变得不那么雅观，容易发红发黑。后来查了一些资料，发现槟榔是明确的致癌物，吃多了会增加口腔患癌的概率，在槟榔流行的国家，口腔癌的发病率名列前茅，食用槟榔一定要谨慎！再三考虑，最终还是没有敢把自己给吃醉！

1. 槟榔保存时间比普通鲜果要长，因此在市场看到的槟榔很多都很不好看

2. 槟榔的果切面

3. 槟榔果大如鸡蛋

4. 蒌叶在东南亚很常见

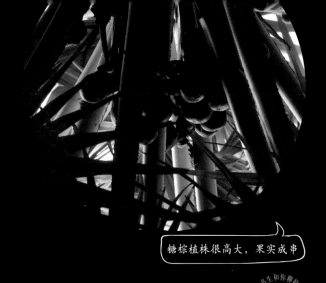

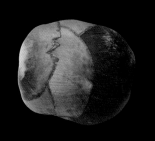

糖棕

糖棕植株很高大，果实成串

● 糖棕小档案

科属 | 棕榈科 糖棕属

拉丁学名 | *Borassus flabellifer*

水果辨识 | 粗壮高大的乔木，叶在顶端簇生，外果皮光滑，成熟时黑褐色

地理分布 | 原产亚洲热带地区和非洲，中国西双版纳、海南有引种栽培

常见度 | ☆☆☆☆

推荐度 | ☆☆☆☆

分布

　　糖棕的"兄弟姐妹"全世界只有几个，基本上都在亚洲热带地区和非洲地区。中国引种栽培了糖棕这个种。在东南亚和南亚地区糖棕算是比较常见的水果之一。

用途

　　糖棕的得名是因为它是种可以拿来做糖的棕榈树。糖棕生长健壮，营养充足，

糖棕炼制的糖

椰子的雄花序被砍断，汁液就会不断流出

椰子砍断的花序上绑上一个筒状容器来收集含糖的汁液

长到一定高度就会开花结果。花分雌雄，雌花可以结果，雄花释放花粉以后就会逐渐干枯，人们就在雄花开放以前把雄花序给砍断，把流出来的汁液收集起来，可以炼糖或者酿酒。棕榈科有不少植物都是通过这种方法来炼糖的，比如椰子（*Cocos nucifera*）、砂糖椰子（*Arenga pinnata*）、水椰（*Nypa fruticans*）等。

糖棕的叶子和贝叶棕一样，纤维不容易烂，

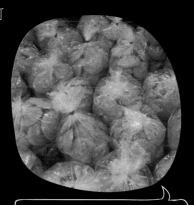

椰子炼制的糖，颜色感觉更黄一些

糖棕的叶

有很强的韧性，可以用来刻写经文，
编织席子和篮子，甚至可以用来铺
房顶。

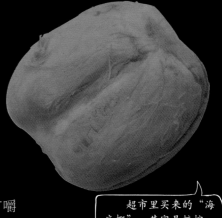

糖棕的果实完全成熟以前，
胚乳为果冻状，还有少量的果
汁，可以直接吃。在路边比较常
见，吃起来并不是很甜，随着果实的成
熟，果汁越来越少，胚吃起来越来越有嚼
劲儿。很多人在国内的超市可能会见到一种汤

超市里买来的"海
底椰"，其实是糖棕

料，包装上写的名字叫海底椰，一般是晒干的切片，白色或淡黄色。这种
"海底椰"其实并不是海底椰本尊，而正是糖棕，糖棕做海底椰的替身已经
太多年，以至于很多人压根不认识真正的海底椰了。

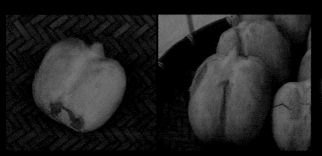

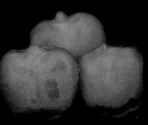

这不是海底椰，还是糖棕

真假

　　真正的海底椰
仅产于塞舌尔，是
自然界中最大的种
子，它还有个很通
俗形象的称呼叫

真正的海底椰（*Lodoicea maldivica*）
是糖棕的几十倍大，也叫巨子棕

做：女人屁股果。再加上雄花呈棒状酷似雄性生殖器官，因此很多人看到海底椰就会忍不住胡思乱想，恨不得吃上几口提升一下自己某方面的能力。我们现在都已经知道那些不着边际的联想其实是无稽之谈，跟"以形补形"的观念一样站不住脚。

海底椰的雄花序

　　海底椰其实是可以吃的，但是需要把不完全成熟的果实提前采摘下来，要知道海底椰是雌雄异株，授粉并没有那么容易，一棵海底椰的雌株需要消耗很多能量和几年的时间才可以把一颗海底椰果实给孕育成熟，海底椰生长的速度远远比不上人类咀嚼的速度，现在海底椰已经濒危，塞舌尔也设立了严格的法律来保护这种宝贵的物种。我并不提倡把自己的私欲建立在灭绝物种这样的残酷基础上，再根据我吃了这么多棕榈科水果的经验推断，海底椰的味道也并不会好到哪里去，糖棕可以用来冒充海底椰很主要的一个原因就是它的种子很像迷你版的海底椰，想吃的时候就吃点糖棕过瘾吧。

猎寻

　　糖棕在东南亚相对比较常见，但往往是长在很高的大树上，即使看到了也很难摘下来，而且摘之前想要获得主人的许可不是件那么容易的事儿。这种时候就只能在路边多多留意碰碰运气了，因为通常在人气比较旺的旅游区，这种水果会出现在售卖摊上。有一次，我去马来西亚金马伦高原找水果，结果还没到山上就不小心着凉了，发了高烧，无奈有计划在身，只能疲惫地驾着车继续前进，就在快要到达目的地几千米远的地方看到了路边一个水果摊正在卖一排排炮弹一样的果子，长得有点眼熟，海底椰？不，是糖棕！然后就像是打了鸡血一样从病秧子模式瞬间精神起来，赶紧减速靠近路边停车后扛着相机过去拍。旅游区的水果价格通常都是很宰人的，这家还好，上前客套几句并表明来意，摊主就同意我拍摄了。拍摄完买了两个切好带上，在车上才开始细细品尝它的味道。糖棕的果实切开可以看到明显的三个果冻一样透明的部分，这个部分发育成熟就可以成为种子，如果这个果实发育不好，可能就只有两个种子发育了，另外一个不发育，这样看起来就会像是一对熊猫的眼睛一样。果实嫩一点的话，里面的果汁可以直接用吸管吸吮掉，但并不是很甜，跟椰子水有几分相似，摊主还给了勺子，喝完果汁还可以挖果肉吃，果肉也不甜，甚至有点苦味，还没有椰肉的那种椰香。也许是糖棕起了作用，也许是身体自身的免疫细胞已经取得了胜利，后来身体很快就恢复到了正常，内心对这种神奇的水果又增添了几分感激。

马来西亚路边售卖糖棕的水果摊

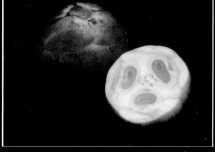

糖棕果实食用部分就是的三个果冻一样的嫩胚

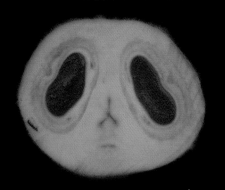

一个种子没有发育的糖棕果切面像熊猫

1. 糖棕的新鲜胚，可以拿来煲汤

2. 糖棕的果肉很厚

3. 糖棕胚切片，果肉晶莹剔透

4. 糖棕的嫩果

5. 糖棕的种子开始生根发芽

6. 糖棕种子全部没有发育，切开就会出现一张很忧愁的"脸"

7. 海底椰的果实

8. 海底椰的果实是非常好的科普展示材料

了解更多

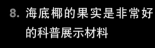

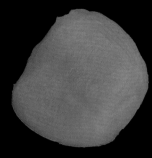

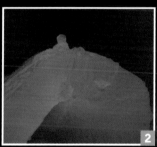

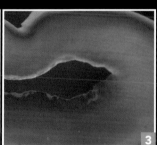

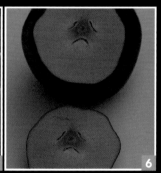

15

生命之树

椰子

椰子树

● **椰子小档案**

科属	棕榈科 椰子属
拉丁学名	*Cocos nucifera*
水果辨识	直立乔木，果实球形，较大。成熟时从绿色变黄
地理分布	广布热带沿海地区，中国广东、福建、海南、云南等地有分布或栽培
常见度	☆☆☆☆☆
推荐度	☆☆☆☆☆

椰子

有椰子树的沙滩才是完美的沙滩

分布

目前棕榈科椰子属只有椰子这一个种。它的果实有一层厚厚的果皮，可以保护着里面的胚胎长时间随着海流飘荡而不至于被吃掉或者被海水浸坏，等它漂流到了合适的地方再生根发芽，因此在世界很多热带沿海沙滩上都可以看到椰子的影子。

椰子的木材做成的生活工艺品

用途

椰子被誉为"生命之树"，因为它浑身上下都是宝：椰树根可以药用；椰树干可以用来建小型建筑桥梁，也可以拿来做工艺品，被文玩界拿来"山寨"龙血金丝竹忽悠不懂行的新手；叶子可以编织成工艺品；花序被砍断以后收集汁液来做椰糖；椰果的浆液可以喝，椰肉可以直接食用，可以做椰丝，也可以提炼椰子油，骨质化的内果皮可以用来做花盆或工艺品，椰果厚厚的外壳可以用来做椰糠，国际贸易中也叫椰壳纤维、椰丝纤维等。

果实外面有很多纤维可以用来做椰糠

椰子叶编织成的工艺品

椰子花序汁液做成的糖

骨质化的内果皮很坚硬，却有三个孔，可以很容易把吸管插进去喝椰汁

初见

即便是这么常见的一种植物，椰子对于我这样一个典型的北方长大的孩子而言，没到南方之前，也并不是那么容易就可以见到的。我从小就没怎么接触过椰子，没有摸过椰子树，估摸着可能会比北方的老槐树皮要顺滑很多，没有喝过椰子汁，很难想象一种水果里面怎么可能那么多水，水果不应该都是像桃子、李子、杏子那样有肉啃起来酸甜可口的吗？于是每次在电视上看到海边的椰子树都觉得特别向往，也曾幻想过无数次在蓝天白云下拥抱椰子树的情景。

新加坡海边一些椰子树上还要挂上警示牌提醒人们小心被掉下来的椰子砸中

直到2008年我出国求学，来到新加坡第一次踩在炙热的沙滩上。我才第一次对热带和热带植物有了直观感受。

海边原来阳光那么炙热，一不小心就会晒到手脱皮；海风也没那么温柔，三两下就会吹乱头发；海浪也很不乖，时不时撞出几米高的浪花扑向岸边；脚下的沙并不那么可爱，里面竟然夹杂了好多海洋生物的残骸；椰汁并不是像蜂蜜那样甜，椰肉还不如大白兔奶糖好吃。慢慢的热带生活熟悉了，椰子也不再那么神秘，即便如此，每次和好友到海边玩也会买上几个椰子边吸椰汁，边对着大海聊天。人总归是不能离开大自然太久的，每次吃椰子就像是一种回归，椰汁有着大自然平淡而美好的气质，如果去海边不痛快吸几口椰汁，啃几勺椰肉，总觉得心里少了点什么。

惊喜

跟植物做朋友总是充满惊喜，本以为已经很了解椰子了，却没想到椰子还会"下蛋"。

那是一个礼拜六的下午，阳光烤得人脸上直冒油，我已经在马来西亚一个水果市场顶着烈日猎寻了半天，也没发现什么新的发现，于是，暂时躲在

等着被"肢解"的小椰子树

去掉外面的几层皮就看到了椰子树白嫩的内心

椰子树的嫩芯被现场切成块儿售卖

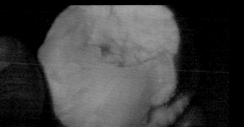

小哥切椰果很熟练

椰子蛋清甜可口

了解更多

东南亚水果猎人——不乖书生与水果的热恋之旅·初识

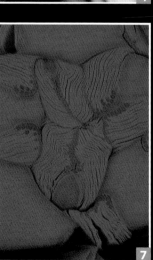

1. 椰子的一个品种——黄金椰子，味道有点酸

2. 每个椰子都有可能发芽长成一棵椰子树

3. 椰子汁是一种非常常见的天然饮料

4. 马来西亚路边种植的个头比较大的一种黄椰子

5. 泰国夜市会有人用柔软的刀片把椰子肉包裹着里面的椰汁一起给完整地取出来

6. 泰国夜市取出来的椰肉和里面的椰汁

7. 嫩椰子树芯的横截面

8. 椰子的雄花是三瓣的

9. 椰子嫩果

10. 泰国水上市场满载椰子的小船

11. 泰国近两年推出的比较火的易拉罐椰皇

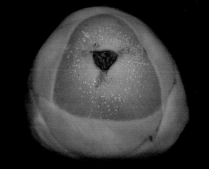

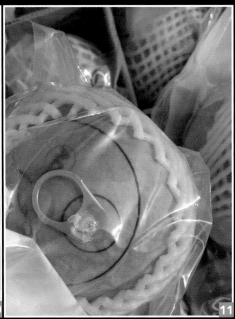

黄藤的茎和叶都有密刺

黄藤

黄藤的果

● 黄藤小档案

科属	棕榈科 黄藤属
拉丁学名	*Daemonorops jenkinsiana*
水果辨识	幼时直立，后攀援藤本。果实球形，鳞片有沟槽
地理分布	从中国广东、广西、海南、云南等地一直延伸到东南亚
常见度	☆☆☆
推荐度	☆☆

初识

　　经常在热带雨林里面钻来钻去的人，肯定会很讨厌一类有倒钩的大型藤本植物。它们的叶子很长，靠叶顶端长出来的倒钩勾住其他植物，通过攀爬式生长来接触更多的阳光，这种技能是它的生存法宝，本应该敬佩

雨林里面时刻要当心这类带刺的棕榈科藤本植物

才对，可就是因为它们太能勾，人在雨林中行走，很容易走着走着一不留神发现背上的包包或者裤腿被什么东西给勾住了，用力摆脱还很容易划伤皮肤。遇到这种情况只能慢慢后退，把一排倒钩一个一个给解开方可脱身。这是典型的棕榈科藤本植物，其中比较出名的一种就是黄藤。

分类

黄藤是棕榈科黄藤属的植物，这个属还有很近缘的一大堆"表亲戚"，被植物学家归类到省藤属里，黄藤属和省藤属亲缘关系很密切，很难靠传统的植物分类学特征来区分。东南亚对这两个属的分类学研究做得还不够透彻，所以就有学者主张把它们合并到一个属里面，将来有希望透过分子系统学来进行更好的分类。

孪叶黄藤（*D.didymophylla*)的一串倒钩

孪叶黄藤倒钩特写

红刺省藤（*Calamus unifarius*）也是一身都是刺

藤竹

不管是黄藤还是省藤，这两类植物通常全株都长有很密集的刺，而且刺的形状各有千秋，让人望而却步，那么黄藤演化出来这么密集的刺到底是为了保护些什么呢？把刺给拔掉会是什么样子呢？

带着这些疑问过了很久，终于有一天在一个品牌家具展览上看到了答案。那次看到一张非常特别的椅子，据说是一个著名的现代设计师设计的，椅子的设计感很强，材料的选用上还非常新颖，乍一看以为是竹子，仔细一看不是竹子，比竹子要细长，英文注解说材料是"Rattan"，回去一查资料方才知道"Rattan"其实是对棕榈科藤本植物的统称，包含了黄藤属、省藤属植物。中文称之为棕榈藤，也可以形象的叫做藤竹。这下就对上号了，原来这种植物把外面的刺给去掉以后，里面的茎竟然如此光滑柔韧，其韧性非常适合编一些椅子，工艺品等，还不容易受潮腐烂，经久耐用，深受当地人的喜爱。去到一些传统的东南亚市场经常可以看到很多用藤竹做的纪念品，越来越多的设计师也喜欢在传统的技艺和材料的基础上融合现代的设计理念，创造出更多的藤竹作品。

藤竹的一种红刺省藤（*Calamus unifarius*）

嫩茎

因为黄藤的茎可以用来编织，所以它才会长出来这么多刺保护自己，这个逻辑看似很合理，但仔细一想，不太对，从时间演化轴上来看，这些刺早在人类学会利用黄藤的茎以前就存在了，肯定不是为了防止人类砍伐编织家具的，那么到底是出于什么目的呢？对它我肯定还有一些不了解的领域。

直到有一天，我看到了这样的情景：一个当地向导在雨林里面走累了，在路边三下五除二就砍了根黄藤的枝条，再把外面的刺给处理掉，剥出来很嫩的芯，直接塞在嘴里就吃了，还津津有味！我看得目瞪口呆，直到那一刻才瞬间明白，原来它们的刺是在保护自己有甜味的茎，否则早被大型的哺乳动物给吃灭绝了。

更奇特的是，黄藤的果也是可以食用的，像迷你版的蛇皮果，只不过更加圆一些。果

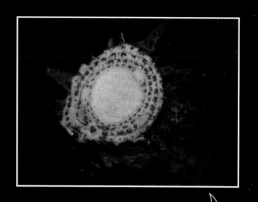

孪叶黄藤茎横截面，最中间的白色部分可食

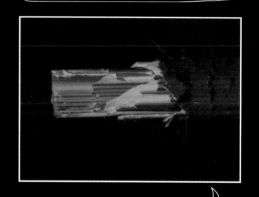

孪叶黄藤茎外面有层层彩色的叶鞘保护着

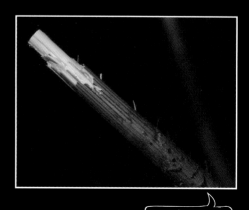

孪叶黄藤的茎

黄藤的果实

黄藤属部分种类果实成熟后会分泌红褐色树脂

肉不多，以酸味为主。黄藤的一些兄弟姐妹的果实可以分泌出一种红褐色树脂，可以作为染料和中药中的"血竭"使用。

文玩

　　我有一阵子对文玩中的植物原料比较感兴趣，就翻阅各种资料，突然发现鼎鼎大名的星月菩提的原植物竟然就是黄藤。黄藤坚硬的果核劈开以后会发现里面是白色的，还有一个个黑点，磨成特定的形状串在一起就是文玩市场中的星月菩提，当时，真后悔当初吐掉了那么多的黄藤种子。

黄藤的果核

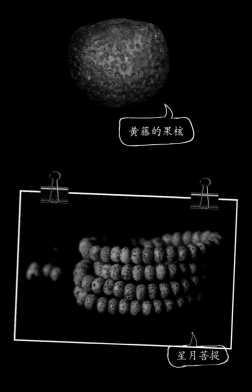

星月菩提

了解更多

1. 黄藤属植物的花序

2. 虎斑省藤（*Calamus lobbianus*）的雄花

3. 省藤（*Calamus platyacanthoides*）的果比较小，果序比较长

4. 某种发彩光的省藤属植物果实

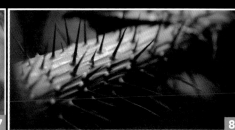

5. 某种省藤属植物果实

6. 某种省藤属长椭圆形果实

7. 马楠省藤（*Calamus manan*）的刺

8. 红刺省藤的刺

9. 李叶黄藤的刺

10. 黄藤属某种植物的刺

11. 黄藤属某种植物的刺

12. 黄藤属某种植物的刺

13. 某种黄藤的果及果核切面

17 世界油王

油棕

油棕的成熟果

● **油棕小档案**

科属 | 棕榈科　油棕属

拉丁学名 | *Elaeis guineensis*

水果辨识 | 直立乔木，果实卵球形，成熟时橙红色，果肉油脂丰富

地理分布 | 原产非洲热带地区，东南亚广泛引种栽培，中国部分地区也有栽培

常见度 | ☆☆☆☆☆

推荐度 | ☆☆☆

初识

还记得第一次乘飞机到马来西亚，快降落的时候，我从飞机上俯视地面，满眼都是喜人的绿色，那些植物长势很规律，每棵植物就像一个绿色的小圆点，圆点之间整齐又有规律地排列在一起。那个时候，我就十分好奇，到底是什么植物如此受当地人的喜爱？

油棕树

马来西亚高速路边种植的油棕林

下了飞机，我坐上车子，在机场高速高速公路上行驶，路的两边种满了某种棕榈树，有的已经是20年的老树，有的才刚栽上没几年。马来西亚的朋友就跟我介绍说这就是棕榈油树，简称油棕，果实可以用来榨油，有很高的经济价值。因为太多，太常见，我的眼睛很快便对这种油棕树产生了审美疲劳，只顾着靠着车窗，斜看着前方的路，路边的油棕树便一棵棵映入眼帘然后快速地缩小，直至消失。

熟悉

　　再后来，我参加了某次国际动植物环保主题的会议，有两种植物让人印象最为深刻，一种是橡胶树，一种是油棕。这两种植物并不是东南亚原产，因为其背后的经济价值而被大量种植，与此同时，大量的开垦导致原始森林遭到破坏，不少赖以生存的动植物濒临灭绝。那次会议之后我对油棕从最初的好奇很快转变成了憎恶，再次从马来西亚机场降落的时候看到的不是满眼的绿色，而是一个个冒着黑烟的炮台，不停地炮轰着这脆弱的生态。现在想想，这种迁怒其实也是不客观的，植物本身无罪。

有一阵子看油棕觉得发黑的种子特别刺眼，像聚集在一起，蓄势待发的子弹，随时准备"攻城略地"

油王

　　有一次在沙捞越的乡间小路上开车奔驰，天气很热，公路几乎不见人影，只有站在道路两边的一望无际的油棕林在给我们行注目礼，阳光照在上坡的马路上，刺入眼睛，胸口也觉得莫名烦闷，便靠边找个树阴停车下来透透气。即便对它有种说不出

沙捞越油棕林中间的小公路

来的憎恶，但有机会可以近距离接触它，还是要做好基本的拍照记录工作。一边这么说服自己，一边找了片矮一点的油棕林钻了进去。规模化种植的油棕和平常见到的还是有区别的，种植的可能是经过改良的品种，果实更加硕大，果量更加惊人，看着很软，跟一大串葡萄似的，其实靠近捏一下就会知道，想要摘到它们没那么容易，果实边上还有一些刺保护它们，必须小心。奇特的是这

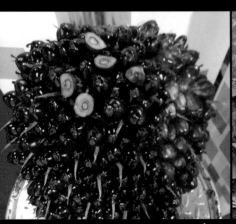

某次展览看到的油棕果要比普通的还要大很多

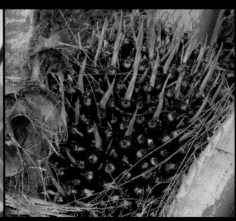

油棕的果实其实挺难用手直接摘下来

么难弄下来的果实却是鹦鹉的
最爱，在新加坡大一些的油
棕树上经常看到成片的鹦鹉
飞过来啄食，那些刺没有对
它们造成困扰，它们的小嘴
反而可以很轻松就能把油棕
果给抠出来。我当然没有鹦
鹉那么坚硬的喙，只能靠投
机取巧从果序旁边比较容易
摘取的地方掰两个果实下来。

鹦鹉吃完丢弃的油棕果

　　只知道油棕可以吃，并没有试过到底味
道如何，于是，我便用小刀削掉外面的一
层皮，黄色的果肉就露出来了，小
刀上都是黄色的油汁。我用牙轻
轻咬一小口果肉在嘴里细品，
本以为果肉纤维会很粗，吃起
来口感不好，实际一尝，果肉
其实很软，夹杂着一股浓浓的植
物油的香气。油棕果直接闻起来
既像生核桃又像新鲜花生的味道。

　　油棕果实的含油量果然很高，
在60%左右，果皮和果核都可以榨油，
主要是供给人类食用，部分可作为工
业用油。

油棕果当水果吃还是有它
独特的味道的，但别吃太多

平衡

　　油棕的产量是大豆的将近十倍，它对于

人类的食油帝国的构建也是功不可没的，而且还是未来生物柴油的重要战略资源，"世界油王"之称油棕当之无愧。

　　如果不是因为它们大量地被种植而导致对原生态严重的破坏，我对这种果子的喜爱可能又要多上几分。转念一想，其实，哪一种大规模种植的农作物不破坏原生态呢？植物本身是无辜的，在自然原始状态下，自然界的各种生命体相互依赖、制约而达到一种相对平衡的稳定状态，原罪可能只是人类数量的不断扩增和无尽的欲望，我相信随着人类平均素质的不断提高，认知水平的不断提升，越来越多人会开始重视自然环境的保护，人类和自然和谐共处将不再是遥不可及的空想。

当地人刚收完田里的油棕果准备拉去卖掉

了解更多

1. 油棕的雄花序

2. 油棕的果核，也有的人拿来串手串卖

3. 油棕的"亲兄弟"——美洲油棕（*Elaeis*

   oleifera）的果比油棕的要小很多

4. 美洲油棕成熟后果实为通红色，棱也不明显，味道差不多

1

2

3

4

东南亚水果猎人——不靠谱书生写水果的热恋之旅·初识

136

西谷椰的植株丛生

18 西米之源

西谷椰

● **西谷椰小档案**

科属	棕榈科　西谷椰属
拉丁学名	*Metroxylon sagu*
水果辨识	树干直立，丛生，果实表面有鳞片，成熟时黄色
地理分布	原产自东南亚马来群岛，热带美洲地区也有引种种植
常见度	☆☆
推荐度	☆☆☆

西谷椰果实密布蛇皮状鳞片

水果故事

　　西谷椰属全世界大概不到10种，主要分布在东南亚马来群岛，一直往东延伸到所罗门群岛、加罗林群岛等地。它们通常是比较高大的乔木，树干淀粉含量较高，人们通常挖树干来生产西米，所以也叫西米椰。

　　西谷椰喜欢生长在水边，很容易和水椰搞混，不同的是西谷椰会慢慢

西谷椰丛生，会逐渐长出明显的主干

长出明显的主干，叶子在树干顶端簇生，营养累积到一定程度的时候就会开花结果，果实成熟以后整个树干就会渐渐死去倒下，而水椰的叶子是直接从基部抽出来，果实长得比较靠近水面。

西谷椰要长很多年才可以长成熟，树干直接倒了扔掉了岂不可惜，人类当然不会轻易浪费这么宝贵的资源，因为树干里面含有丰富的淀粉。一般在西谷椰开花以前或者刚长出来花序的时候就会把树干从根部锯断，再把树干削去外皮，搅碎白色的树心，再经过多次洗涤和沉淀就可以把里面的糊状淀粉提取出来，然后晒干搓成粉状就可以长期保存了。西米淀粉在东南亚当地用来做面食、布丁或者充当黏稠剂，比较原始的地方直接拿来放在石板上做成薄饼烧熟吃。

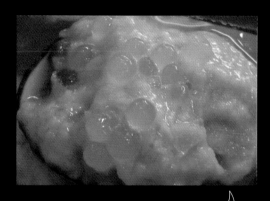

榴莲西米露甜品，上面的透明胶状的西米露很多人以为是人工合成的

西米淀粉用途比较多，但我们平常接触最多的就是甜品店里西米露中的西米，比如杨枝甘露或者是西米露奶茶等。

东南亚常见的棕榈科植物有几种的树干淀粉都是可以用来制作西米的，比如所罗门西谷椰、水椰以及桄榔属的一些植物等，有的西米在加工使用过程中可能也会加入木薯粉等其他原料。

显然，自然界中不止人类知道西谷椰是可以吃的，西谷椰在

西米虫就是红棕象甲（*Rhynchophorus ferrugineus*）的幼虫，在东南亚传统菜市场比较受欢迎

劈开的时候通常会看到一些生长在树干里面的西米虫，在当地的传统市场经常可以看到，这是一道特别的美味，当地人直接拿来生吃，一大堆蛋白在口中爆浆的感觉实在接受不了的话，也可以尝试油炸了再吃，据说是鸡肉味，但我接受不了。这种西米虫其实是红棕象甲（*Rhynchophorus ferrugineus*）的幼虫，它们喜欢生长在棕榈科植物的树干里面，到处钻来啃去，吃得肥嘟嘟的，看着体积很大的样子，等到成熟变态以后，就成了一只会飞的红棕象甲。这种昆虫已经对国内棕榈科植物的种植造成了一定的危害，被列入有害入侵生物名录当中，有机会见到它们一定要为了中华农业的健康而义不容辞地把它们吃掉。

西谷椰的果实也有蛇皮一样的鳞片，也是可以吃的，一般很少见，因为植株通常在开花之前还没结果就被砍掉了，如有机会碰到值得一试。西谷椰的果实，果肉偏白，通常有些涩味，在东南亚部分地区比较流行。值得注意的一点是，在西方文化中，它们把苏铁的种子叫做

苏铁（*Cycas revoluta*）的种子是有微毒的，不建议食用

"Sago Palm Fruit"，直接翻译过来就是西谷椰，名字虽像，其实相差千里。苏铁种子并不适合食用，到了西方国家，开吃之前一定要睁大眼睛，先弄清楚是啥再说。

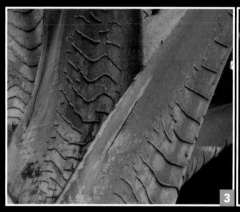

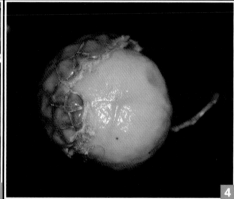

1. 西谷椰丛生是因为下面有着肥壮的走茎

2. 西谷椰嫩叶是红色的，植株相对比较矮小，叶轴下面没有褶皱，这三点可以和所罗门西谷椰区别开

3. 所罗门西谷椰通常比西谷椰要更高大一些，叶柄下面有皱纹状凸起

4. 所罗门西谷椰和西谷椰是"亲兄弟"，果实比较接近

5. 所罗门西谷椰（*Metroxylon salomonense*）的果实

6. 所罗门西谷椰果实侧面

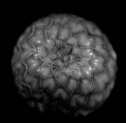

水椰的果

19 海岸羽毛

水椰

● 水椰小档案

科属｜棕榈科 水椰属

拉丁学名｜*Nypa fruticans*

水果辨识｜植株丛生，果序球状，棕色有棱，果皮很厚，多纤维

地理分布｜原产自亚洲东部南部一直到澳大利亚、所罗门群岛，中国只有海南有分布

常见度｜☆☆☆☆

推荐度｜☆☆☆

孑遗

翻开棕榈科的家族分类族谱，会发现水椰属是非常特别的一支，原始却并不庞大，目前只剩下水椰这一个种。水椰就像一个遗世独立的"孤寡老人"，在海岸潮起潮落的红树林间，插了一排排笔直的羽毛，填补了棕榈科植物在水中分布的空白。

潮间带落潮后的水椰

亲近

　　没有水椰的红树林是不够美丽的。想要
拜访这位海边的"孤寡老人"，就一定
要亲近红树林。涨潮的时候撑一艘小
船从水流中划过，两边水椰的叶子
像一根根大羽毛一样插在水里面，
映着倒影，随着船的推进而向后远
去，一同远去的还有打着水漂溜走
的大眼睛弹涂鱼。我让渔夫停止划
船，顺着水流慢慢聆听着周围安静而跃
动的声音，虽看不到却能感觉到，到处都
是生命的气息，闭上眼也能猜到肯定有一只甚至
一家子招潮蟹挥着大钳子，竖起两只眼睛偷偷在
远处注视着我这个突然闯进来的庞然大物，也
肯定在某处有一些胆小怯懦的蛇听到水声
就悄悄溜走了，甚至还可能有一些湾鳄
把眼睛露出水面瞅瞅情况，水底也肯
定有鱼儿被水上的黑影吓到一旁赶
紧煽起污泥把自己隐藏，污泥旁边
的蜻蜓幼虫正在忙着吃东西，争取早
日上岸羽化看看水上成虫们的世界。这
是一个多么美丽而安静的画面。我只是一个过客，而水椰作为红树林的重要
成员，却已经在此守候了不知道多少万年，水椰一直悄无声息地看着这一
切，望穿潮水，任由鸟飞鱼跃，人来人往。渔夫仿佛看懂了我的意思，也在
船尾闭目感知。越是懂得越不舍得打破这种安静，无知才会让人暴躁和喧
闹，来打乱这种平衡。

蓝斑大弹涂鱼（Bo-
leophthalmus boddarti）

环纹招潮蟹（Uca annulipes）

寻根

平常在新加坡想看到野生水椰并不是很容易，需要去到离市区比较远一点的红树林。每次去只能远远拍拍照，连靠近的机会都没有。既然如此，何不直接去水椰的分布中心看最地道的水椰？看看水椰在它的老家怎么样。我相信在它的原产地，水椰肯定跟漂泊很久最后在新加坡或者是在海南定居的"侨居

新加坡红树林中的水椰丛

者"多少有些不同。查阅了相关资料，最后把点定在婆罗洲的基纳巴唐岸河（Kinabatangan River）。这一路并不容易，需要坐飞机飞到亚庇，再从亚庇飞到山打根，然后从山打根机场租车到基纳巴唐岸镇。但看起来不是很麻烦，应该可以找到，于是，我稍加整理和准备就出发了。

一切按照计划进行得似乎很顺利，花了一天的时间我终于抵达了基纳巴唐岸镇，结果除了一家挺大的医院以外，居然连个住宿的地方都没有。幸运的是，当我跟司机说明来意，司机竟然刚去寻过水椰不久，能清楚地知道寻访的路径。原来基那巴塘镇附近的河流都是淡水河，离海边太远，根本没有水椰，水椰的"大部队"肯定不会在这里安营扎寨，想要看水椰还得再开个几十千米去到路的尽头，抵达苏高村（Sukau Village），从苏高村还必须再租船开一个多小时到达阿拜村（Abai Village），那附近就有很多水椰了。

从苏高村乘船到阿拜村的路上就可以看到岸边不少的水椰丛，但这还不够

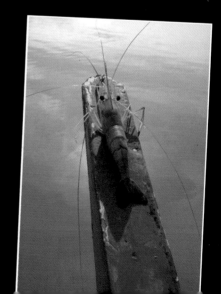

长臂沼虾（Macro-brachium rosenbergii）

壮观，到了阿拜村找先找了当地民宿住下。民宿主人很亲切，用刚抓上来的长臂沼虾招待我，吃饱喝足又洗了个凉水澡，我让民宿主人帮忙安排了明天的船和路线就美美地睡下了。

第二天很早到附近的警察那里备了案，然后我就出发了。船虽小，用的发动机却是大功率的，时速很快，在水面上极速飞驰，我的眼睫毛被风吹得有些发痒，不得不戴上墨镜。一路上可以看到成群的长鼻猴在吃早餐，运气好的话还可以看到红毛猩猩，各种水鸟时不时飞过，远处树梢上还能看到白头海鹰。刚开始，我的眼球还能被这些千奇百态的生命给吸引到，慢慢地就疲劳了，因为信息量太大了，很多都没有见过，想要仔细研究透了，可要花上不少时间，这次还是专心找我的水椰吧。随着船的渐渐深入，河道开始变窄，几乎看不到什么船只经过，河水开始变得浑浊发黑，水上还漂着不少发芽的

小船在水面上穿梭很有画面感

河面上飘着的
发芽的水椰果实

水椰果实，路边的水椰林也逐渐变得越来越多，最终完全占领了河道两岸。最后船夫找了一处三岔口停了下来。此刻，对照地图的标示以及看到身边高耸羽叶的巨型水椰树，我知道我终于到了"孑遗老人"的家，这里安静而祥和，古老而原始。"这边有人经常来吗？"我问道，船夫说："很少，只有少数人跑来这边放虾笼捉点虾回去卖钱或者自己吃，他们一周最多来一次，平时不怎么有人来。这里的水很浑浊还散发臭味，而且还有鳄鱼，比较危险，尽量别让手靠近水面。"听到这里，我原本还扒着船边的手赶紧收了回来。

在"突突"的马达声中我们缓慢前行，眼睛不停地扫描着两边水椰林中的果实，很快船夫就找到了。他调整好船尾开了进去，也许是因为看到果实太兴奋了，我一只脚弓步踏在船头上丝毫没有注意身边的危险，还没靠近果实，他就喊我不要靠近，赶紧回来，我不解，他用手指了指我的斜上方，一条黑黄相间的蛇正在水椰的叶子上盘着睡觉。船夫对我说："这种蛇有剧毒，不要靠近，我们去别的地方。"我看了看，原来是一条黄纹林蛇吃饱了在休息，它有将近3米长，这么大的蛇倒是第一次见。原本想跟船夫说这条蛇只有微毒，后来想想，还是别说了，可能对船夫和蛇来说，各自不打扰是最好的，也就听从他的意见换地方了。

发现成熟的水椰果实

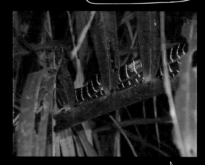

黄纹林蛇（*Boiga dendrophila*）是东南亚红树林比较常见的一种蛇，看起来很吓人，其实毒性并不强

很快再次找到了水椰将近成熟的果实，这串果实稍微靠里一些，船头靠近，才发现，在远处看着很不起眼的叶柄，到了跟前竟然发现其基部有成人的腰那么粗。再仰头望向天空，水椰那一根根粗大的"羽毛"，感觉有新加

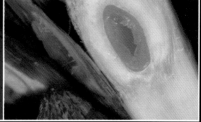

水椰果由很多单果聚合在一起，敲开一个突破口其他就很容易敲掉了

水椰的果肉在快要成熟的时候最好吃

坡水椰的两倍那么长，很是壮观。断掉的叶柄长期泡在水里面，外表是乌黑的颜色，用刀轻轻一砍，发现里面竟然还是有生机的，还保留着丰富的营养。这可能也是水椰保存营养的重要策略吧。船夫是土生土长的当地人，手起刀落，一大串水椰果就被砍了下来，拎到了船上，他开始用钝刀背一个一个敲打，技术很熟练，原本扎在一起紧紧实实的水椰很快就被敲出了一个洞，突破一处其他的就很容易敲了。他劈开一个单果，伸手递给了我。我忍不住直接拿着吃了起来，水椰的果肉竟然比想象中的甜很多，比糖棕的还要甜，有一点椰肉的芳香，甜度可能只有甘蔗的一半或者⅓，但果肉很软，真是不可多得的天然甜品，难怪越南会有人专门在路边售卖。

名字

看完、拍完、吃完水椰以后，我的心愿得到很大的满足。满载着收获和喜悦回去，在路上，我忍不住童心泛滥，让船夫教我怎么抓虾，船夫说早期的虾笼其实也都是用水椰的叶子做的，现在依然有人在用，水椰的

满载着丰收的小船

叶子在当地的用途很多，可以用来编织，也可以用来铺屋顶，马来语"atap"的意思是屋顶，水椰的当地中文俗名"亚答树"其实就是根据马来文名字"atap tree"直接音译的，意思就是可以用来做屋顶的树，亚答树所结的种子就叫亚答籽，亚答籽可以生吃，也可以用来制作甜品。

水椰叶子搭建成的棚子

很快，我回到亚庇市区，走在商场的灯光之下，一间铺子正在卖着可口的甜品。找个角落坐下，我点了一份娘惹红豆冰（Ice Kacang），还特别叮嘱加多两颗亚答籽。不一会儿，红豆冰上来了，上面的几颗白色果肉乍一看和水椰很像，仔细看果肉的形状和结构还是有差异的。后来才知道，现在马来西亚的甜品店已经很少用原生的亚答籽了，取而代之的是用砂糖椰子的果肉加工而成的类似蜜饯的"亚答籽"，吃起来很甜，却始终没有真正亚答籽的那种香甜味。

望着几乎透明的假亚答籽，似乎有一种说不出的情绪在我心头酝酿，咬下去的瞬间，在凉凉的口感和甜甜的果肉中，我仿佛又瞬间回到了京那巴唐岸河深处的那艘小船上。

新加坡和马来西亚很多城市看到的"亚答籽"其实是用砂糖椰子（Arenga pinnata）果实加工的，有的还进行染色处理，比较有嚼劲儿，但没有水椰果肉那么嫩

砂糖椰子的果肉比较硬，而且比较厚

了解更多

1. 水椰叶子背面有纤维束状丁字着生的小鳞片

2. 水椰的叶子和倒影共同交织成一幅美丽的风景画

3. 水椰的授粉主要通过一些蝇类昆虫进行

4. 有时候会看到一大片水椰像移动的冰山一样随着水流飘走，很是壮观

5. 一位当地马来居民钓鱼的时候用水椰的叶子遮阳

6. 没有成功找到领地的水椰会变成没有生命力的水椰壳，被海里的藤壶当做礁石附着。图为水椰壳和猫的头骨

7. 遥远的红树林深处一棵水椰苗正在茁壮成长

8. 水椰果实有厚厚的纤维，随着海流飘到合适的地方生长

20 水果怪咖

蛇皮果

蛇皮果的雌花

● **蛇皮果小档案**

科属｜棕榈科 蛇皮果属

拉丁学名｜*Salacca zalacca*

水果辨识｜植株丛生，有刺，果有蛇皮状鳞片

地理分布｜原产自印尼爪哇和苏门答腊岛，现在东南亚广布，中国也有引种

常见度｜☆☆☆☆☆

推荐度｜☆☆☆☆

蛇皮果

故事

　　蛇皮果属全世界大概有20多种，主要分布在亚洲热带地区，中国云南有一种原生种叫滇西蛇皮果（*Salacca secunda*），比较稀有。现在市面上通常看到的蛇皮果主要有两种，蛇皮果和长序蛇皮果（*S.wallichiana*），前者比较大而且宽，呈三角锥形，后者果子偏瘦长，两端都比较尖，因为花序比较长，结果的时候一根花

蛇皮果长在树丛的基部

长序蛇皮果果皮发红，果比较瘦长，呈梭形

序上可以有好几团果实，现在西双版纳已经成功引种种植，在云南一些城市已经可以买到。东南亚是蛇皮果属的分布中心，资源比较丰富，除了以上两种以外，还可以看到一种长尾蛇皮果（*S.affinis*），长得比较像穿山甲，相对其他蛇皮果而言，它的特征是果实有一个比较长的尾巴，最神奇的是，果实表面居然没刺，还特别容易掰，所以掰这种蛇皮果对强迫症患者而言简直是一种莫大的享受，美中不足是果肉比较酸。

长尾蛇皮果（*Salacca affinis*）

　　有一次，我受邀到西双版纳植物园访问，晚上在河边和一堆植物圈子的朋友吃烧烤喝啤酒侃大山，无意间聊到了一个跟蛇皮果有关的故事：早期中国海南和西双版纳都从东南亚引种了蛇皮果种植，因为气候相近，想着可以发展成像印度尼西亚那样的成熟的蛇皮果产业，结果种下去以后只见开花，未曾结果。后来一个植物学家知道了这个事情，过去一看，哈哈大笑，就告诉了他们：蛇皮果是雌雄异株的植物，你们种的都是雄株，能结果才怪了。不知道故事是不是朋友杜撰的，还是种蛇皮果的人真被坑了，从那以后我才知道蛇皮果原来是有性别之分的。

蛇皮果的雄花只开花散播花粉而不结果

初见

第一次见蛇皮果是在我初中毕业时，那天，我去一个表哥的公司帮他配送水果。我小时候抓过蛇，刚接触到这个果实的时候，那手感瞬间触动了我抓蛇时储存下来的记忆，委实吓了一跳。后来一看原来是一种水果，果皮表面覆盖了一层蛇皮一样的鳞片，有的还夹杂一些刺，果皮里面包裹着三瓣白色或淡黄色的果肉，每瓣果肉里面有一枚很硬的深棕色种子，种子上还有一个小圆坑。

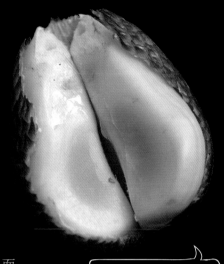

蛇皮果的果肉成熟后发白

蛇皮果吃起来比较特别，口感有点干硬，像吃有点软的失水苹果，味道有些奇怪，有挥发性油脂的味道，再加上诡异的蛇皮状外表，不得不说这是水果中的怪咖了，还好主味是甜的，略带酸味，绝大多数人都可以接受。

那段时间，我痴迷数学，觉得蛇皮果的鳞片排列很是有趣，鳞片很小，一层层交织排列上去，最后在果实的末端汇合在一起，这背后肯定有非常简洁的数学公式隐藏在里面。

熟悉

后来，我到了新加坡，学的专业是精密制造工程，学成后可以制造很多产品，但每次只要接触大自然，就会被彻底击败，心就会转移到植物上。把蛇皮果作为一个小小的产品来看，假如给我所有的原料，要求最后做出来的果子有足够的密封性能，又不能浪费过多材料，还没有额外污染，我肯定做不出来像蛇皮果这么精密复杂的产品来，但大自然却很巧妙而轻松地做到了这一点，而且一切都在悄无声息地发生，真是太神奇了！

我在新加坡上学的时候学习压力没有那么大，就总往植物园里跑。植物园棕榈谷有一片蛇皮果的种植区域，种了好几种蛇皮果，但是经过我几年的观察，发现没有一棵结果的，后来发现历史竟然在重演，目前看到的开过花的全是雄株。在新加坡想找到开花结果的蛇皮果并没有那么容易，后来有机会逮到几株正在结果的蛇皮果，见到的时候果实还没有成熟，比大拇指大不了多少，嘴馋就忍不住摘了两颗下来。果实的刺不是很硬，用来隔离昆虫足够了，里面的果肉很饱满，淡黄色的果肉透着一股甜味，本以为会比较生涩，入口之后才发现竟然比成熟的还要好吃，口感是酸甜的，还有一股回味，比成熟后的感觉更有味道，水分也更加足，唯一有缺陷的是挥发性味道还不够。

有一次，我去印尼爪哇岛找彩虹榴莲，结果只看到了正在开花的树，榴莲还没有开始结果，败兴而归。路上发现了一大片蛇皮果，问了下开着摩托载着我的当地向导，他说这边很多人都种这个，感觉就是北方人自家田里种上几分地大白菜似的。停下了小摩托车我就往蛇皮果林里面钻，蛇皮果的枝条是有刺的，得低头小心走才不至于被扎那么严重。钻来钻去，

蛇皮果的嫩果

蛇皮果嫩果也是3瓣果肉，果肉透着一股甜味

落在地上的蛇皮果，注意看果皮上面的刺

绕了一会儿，我才找到了成熟的蛇皮果，有的都已经从果序上脱落了，捡起一个闻了一下味道，不错，就是这个味儿！把果子拿出去，向导小哥接过来先是找了棵树把上面的刺给磨掉，然后又小心翼翼地剥皮，因为一不留神就会被果皮上的刺给扎到。在市场上卖的蛇皮果很少看到那么多刺，它们大多数是在运输途中磨掉了或者被果贩去过刺了，想吃一口新鲜的蛇皮果真是太不容易了！剥好以后，向导把一个白色圆锥状的蛇皮果肉递了过来，我拿在手里仔细端详，它的果肉发育很好，3瓣果肉很是匀称饱满，像3瓣脸贴着脸抱在一起的大头蒜，果然符合棕榈科的气质。我象征性地简单拍了两张照片就示意向导继续前进。当地的海拔有几百米高，那天还下了一些雨，回去的路上日光渐弱，他摩托车开得比较快，湿凉的空气在宽松的衣服中四处乱撞。一手拿着相机，一手握着蛇皮果，我忍不住打了个喷嚏，再看了看手中的"大头蒜"，就直接塞嘴里了，那感觉真是香甜冰爽！

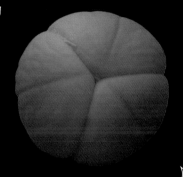

每一瓣果肉中间位置还有条"事业线"

蛇皮果林走，不得不低头

省藤属（*Calamus* sp.）

近亲

有人觉得蛇皮果的存在是个奇迹，怎么会有这么特别的果实呢！其实蛇皮果并不孤独，在神奇的棕榈科，有至少20多个属的植物果实都有这样的鳞片，蛇皮果属只是其中一个属，其他的有比如用来做千眼菩提的酒椰属（*Raphia* spp.），用来做西米的西谷椰属（*Metroxylon* spp.），有雨林里面比较霸道的钩叶藤属（*Plectocomia* spp.），有酸死人不偿命的泽刺椰属（*Eleiodoxa* spp.），还有可以做星月菩提的黄藤属（*Daemonorops* spp.）或省藤属（*Calamus* spp.）这20多个属其实都属于一个棕榈科里面的一个大的分支：省藤亚科。值得欣喜的是，这个亚科大多数植物都是有价值的，一些可以吃，一些可以做文玩，还有一些可以用来编织……

粉酒椰果核截面

粉酒椰（*Raphia farinifera*）的果实外表有比较大的蛇皮状鳞片

酒椰（*Raphia vinifera*）的花序像大象的鼻子，因此也叫象鼻棕，果实是千眼菩提的原料

西谷椰 (*Metroxylon sagu*) 的果实

所罗门西谷椰 (*Metroxylon salomonense*) 果实比较小

长钩叶藤的果实成熟后很快就被猴子或者松鼠给啃得只剩下果皮

黄藤属 (*Daemonorops* sp.)

长钩叶藤 (*Plectocomia elongata*) 在雨林里面很霸气, 攀爬而上

泽刺椰 (*Eleiodoxa conferta*) 的果实

泽刺椰果肉很酸

泽刺椰果实颜色有变化

另一种发黄的泽刺椰果实

1. 印度尼西亚市场看到的蛇皮果外面看着发白色的毛，里面果肉却很正常

2. 印度尼西亚的蛇皮果果皮发棕黄色，个头偏大，锥形

3. 马来西亚市场的蛇皮果

4. 马来西亚沙捞越传统市场卖的长尾蛇皮果

5. 泰国市场销售的长序蛇皮果，也叫瓦氏蛇皮果、瓦里蛇皮果（音译）

6. 俯视蛇皮果的纹路，有数学之美

7. 长序蛇皮果雌花序比较长，通常垂下来，因此得名

8. 长序蛇皮果的雌花序和后面的佛焰状苞片

9. 长序蛇皮果果实通常几团长在一个花序轴上

10. 长序蛇皮果花的特写

11. 长序蛇皮果刺比较密集，并不是很扎手

12. 未成熟的长尾蛇皮果有着诡异的颜色

13. 成熟的长尾蛇皮果

14. 长尾蛇皮果相对比较少见，婆罗洲的这个变种果实通常颜色发红或黄，个头较小，吃的时候从尾巴掰起莫名过瘾

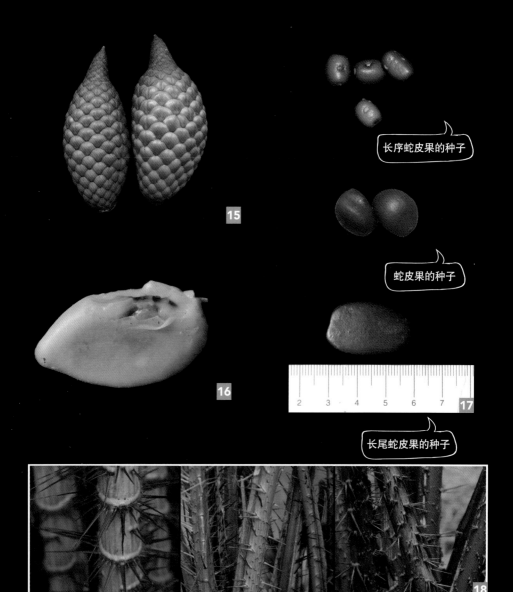

15

16

长序蛇皮果的种子

蛇皮果的种子

17

长尾蛇皮果的种子

18

长序蛇皮果的刺

蛇皮果的刺

长尾蛇皮果的刺

东南亚水果猎人——不乖书生与水果的热恋之旅·初识

蜡烛果的花

21 凌霄娘家

蜡烛果

● 蜡烛果小档案

科属｜紫葳科 蜡烛果属

拉丁学名｜*Parmentiera aculeata*

水果辨识｜小乔木，高3～7米，果似蜡烛，成熟时发黄

地理分布｜原产美洲热带地区，现已经被植物园及水果收藏家引种种植

常见度｜☆☆

推荐度｜☆☆☆☆

蜡烛果

说起蜡烛果，不得不提起我对这"一家子"的爱恨情仇。

仙子

舒婷曾写过一首著名的爱情诗《致橡树》，其中第一句就是："如果我爱你，绝不像攀援的凌霄花，借你的高枝炫耀自己。"这里的凌霄花就是紫葳科的众多美艳出众的植物之一。紫葳科在世界范围内主要分布于热带亚热带地区，大概有600多种，这一"大家子"的生存策略主要就是靠颜值，花羊甚。我上小学的时候偶然看到了一户人家墙壁上和爬山虎一起攀援而生的凌霄花，规则而整齐的叶子，橘红色喇叭状的花朵，充满了仙气儿。后来才知道紫葳科的花大多长得这么仙儿。

黑暗料理

这么仙儿的"一家子"，通常都是出没在身边的公园中，怎么也没有想到它们可以"攻打"到餐桌上。直到有一次，我无意中在西双版纳吃到了一种奇特的果子。这种果子长如黑无常的舌头，可切成一段一段的烤着吃，吃起来还比较苦，后来才知道这是木蝴蝶（*Oroxylum indicum*）的嫩果荚。这还不算啥，菲律宾当地人会吃一种叫做铁西瓜的果实，吃法可不是像西瓜那样优雅随性，而是先把白色的果肉挖出来，放到锅里熬，一直到果肉变成黑乎乎的果酱一样的才能吃，味道不知道如何，没敢尝试。有时候真想不通人类这么折腾是为了什么，但是有一点可以确认的是，人类为了扩充食物的来源也是绞尽了脑汁。如果有机会评选植物界中的黑暗料理，木蝴蝶和铁西瓜肯定跑不了。

凌霄花（*Campsis grandiflora*）

云南菜市场上面售卖的木蝴蝶的果荚

葫芦树（*Crescentia cujete*）也叫铁西瓜

清流

　　水果猎人们对于水果猎寻的态度和热情要比对于普通食物的探索更加苛刻和执着。很多时候不得不咬牙舍弃一些鸡肋的水果，以追求更加适合大众食用的完美果实。木蝴蝶和铁西瓜这种黑暗料理中的食材对于水果猎人们而言是没法接受的。就在我对这一家子几近放弃的时候，一股黑暗中的清流出现在了眼前。

　　在马来西亚一个朋友的私人果园里，他带我走到了两棵小树跟前，树不是很高，两米多的样子，上面挂了不少蜡烛一样的果实。这两棵树的花很像，都是5裂的2唇形花冠和4枚兔耳朵一样的雄蕊，看样子应该是紫葳科的。这两棵树花很像，只是颜色稍微有些区别，但是果就很不同了，一种果实细而长，如少女的肌肤般光滑，像长辣椒，另外一种果实宽而短，还有一些抬头纹般的褶。朋友很隆重地和我介绍：这是两种来自美洲的蜡烛果，一种叫蜡烛果，一种叫长蜡烛果。在

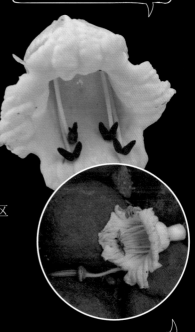

紫葳科花部分类群有典型的个字型花药，图为葫芦树属（*Crescentia* sp.）植物的花

长蜡烛果（*Parmentiera cereifera*）的落花，花药已经变残

长蜡烛果（*P.cereifera*）在旺季果实可以挂满整棵树，很壮观

蜡烛果（*P.aculeata*）一般果实相对较少

东南亚非常稀少，只有少数人有收藏和种植，果实可以吃，清甜可口，像把甘蔗打磨光滑了以后挂在树上一样，说罢便从地上捡了些掉落的果实给我品尝，和这种奇特水果一起送过来的还有他一脸谜一般的笑容。

鉴于之前这个科在我脑海中留下的深刻的不好吃的印象，第一次有朋友递过来紫葳科水果的时候我是拒绝的，因为有时候水果猎人之间也会拿一些奇怪的水果相互捉弄，假如有人被成功捉弄，捉弄人的一方就会引以为荣，这事件也会很快被编排成段子在水果猎人圈子里口口相传。一般格式是这样的：多少多少年前，那个谁谁谁就是吃了谁谁谁给他的什么什么果，然后怎么怎么样，描述的时候一定要加上夸张的表情和肢体动作。讲故事的人会瞬间脑海里勾勒出那个画面和果实的味道，然后捧腹大笑。

几经挣扎之后我还是没有经得住好奇心的诱惑，不管那么多了，先尝一点试试。接过蜡烛果，果实手感像腊肠或腊肉，掰断以后有一股清香味，果肉比较厚，尝一小口，果然有些甜味，有点像甘蔗却没那么甜，纤维很多，心形的种子很薄，虽然并不能称得上是非常好吃的水果，但能够填补紫葳科水果领域的空白，这就已经令人满意了，当然这件事也证明了水果猎人们大多时候都是靠谱的。

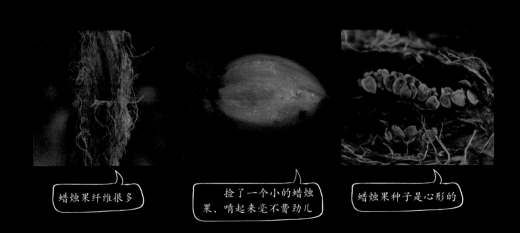

蜡烛果纤维很多

捡了一个小的蜡烛果，啃起来毫不费劲儿

蜡烛果种子是心形的

了解
更多

4

1

2

3

5

凤梨

凤梨的植株是种植在地上的

● **凤梨小档案**

科属	凤梨科 凤梨属
拉丁学名	*Ananas comosus*
水果辨识	地生，叶莲座式排列，花序中出，顶端开花结果
地理分布	原产热带美洲，现在全球热带亚热带地区广布
常见度	☆☆☆☆☆
推荐度	☆☆☆☆☆

凤梨的果

争斗

最近这些年，在互联网上，水果爱好者们总是时不时会爆发出一阵口舌之争，争论的焦点尤其喜欢集中在"菠萝和凤梨有什么区别"上。有人甚至有理有据地引证："根据某某百科，凤梨叶子不带刺，菠萝叶子带刺；凤梨味甜，菠萝味酸；凤梨个头大，菠萝个头小；凤梨是黄皮的，菠萝是绿皮的；超市里卖的是凤梨，我家楼下的是菠萝……"还有更多的奇葩的"证据"这里就不一一列举了，其实，引起这样的争论的原因不过是：吃太少，想太多。

凤梨在植物分类学上归属于凤梨科凤梨属植物。菠萝是凤梨的一个俗称，东南亚不常用菠萝这个名字，而是用"黄梨"来替代，叫菠萝还是叫凤梨或是叫黄梨都只是不同地区的不同使用习惯而已，可能叫凤梨这个名字感觉略微正式一些。之所以会出现那么多凤梨和菠萝有区别的证据，主要原因是凤梨被人类长期栽培和繁育，已经有了大量的品种，各个品种在不同的气候条件下种植，植株和果实性状有差异也是正常的。即便是同一个果实，成熟度不同也会影响到口味的不同，再加上每个人的味觉敏感程度不同，吃到嘴里的味道也会有所差别，现在大量流入国内市场的凤梨品种还不是很多，因此注重主观感受的人就喜欢暂时给自己大脑一些清晰的分类依据和标签来对比加强记忆，当有机会接触到大量的品种，原来固有的观念就会被打破，就会陷入暂时的迷茫。

凤梨和菠萝其实都是指代同一种热带水果，只不过这种水果有太多的品种容易让人搞混。

品种

凤梨属目前全世界只有6种原生种，都原产于美洲，我们常吃的凤梨品种在植物分类学上只算作其中1种。这个属跟其他属比起来主要区别是它们学会了让果序轴膨大而变得丰满多汁，吸引动物食用顺便帮助它们传播种子。凤梨本身是自交不亲和的，就是说自己的花粉即使碰到了柱头也是会被果断拒绝的，因此同一片凤梨园里面种植出来的同样血统的凤梨就不会产生有种子的果实，我们吃凤梨的时候也就不会看到种子。

因为良好的适应性和甜美的果实，凤梨已经被大量种植到世界热带亚热带地区。仅仅在东南亚，常见的就有十几个品种：有在沙捞越看到跟足球差不多大的"油棕凤梨"，有沙巴能伤到手的红皮凤梨。新加坡还有拜神用的凤梨，也有超贵的菲律宾凤梨，此外，还见过马来西亚凤梨。特别有趣的是在泰国看到很小的凤梨果肉只有拳头那么大，旁边一大堆蜜蜂密密麻麻地贴在一颗透着蜜心的凤梨上。

沙捞越水果市场看到的凤梨

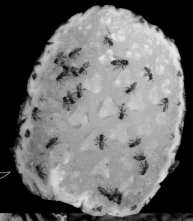

凤梨甜度很高吸引了大量蜜蜂

泰国的一个很小的凤梨品种

台湾的金钻凤梨

泰国曼谷水果市场上凤梨有好几个品种

凤梨的一个品种　　泰国的一个凤梨品种　　一种红颜色的凤梨品种

泰国的一个凤梨品种

吃法

　　"能不能吃？怎么吃？好不好吃？"是一个吃货面对没吃过的食材应该有的基本态度。而对于凤梨这种司空见惯的水果，提问就要进入更深层次的境界了："怎么可以更好吃？"

马来西亚的凤梨

　　很多人提起来凤梨会有一种不好的体验：吃多了很容易感觉到舌头刺痛或者嘴麻，严重的还会出血。主要原因是凤梨中有一种凤梨蛋白酶，吃多了会伤到舌头。传统方法是泡盐水，一定程度上可以稀释这种蛋白酶的浓度，但是不能完全破坏掉它的活性，效果不是很好。最佳解决方法是在60℃以上的水里面泡几分钟，接下来就可以大口开啃了，这招百试不爽。

泰国装篓等待出售的凤梨

了解更多

1. 凤梨刚刚抽出的花序

2. 凤梨属真正的花为三瓣，通常紫色或淡紫色

3. 凤梨花序轴伸长变粗，渐渐有了果实的形状

4. 凤梨初长成

5. 偶尔也会有凤梨并没有长顶（冠）芽

6. 凤梨冠芽也会出现缀化现象

7. 马来西亚夜市当地姑娘正在削凤梨

8. 凤梨属叶子边缘一般都有锯齿

9. 光亮凤梨叶子是紫色的，果实发红，比较小

10. 光亮凤梨的花序和花

11. 小凤梨（*Ananas nanus*）刚抽出来的花序

12. 光亮凤梨（*Ananas lucidus*）的植株

13. 小凤梨的花也是严格遵守凤梨科花瓣3数的规则

14. 小凤梨成熟时，果发白

15. 小凤梨切面

16. 小凤梨果实直径一般不超过5厘米

17. 果实去掉下面的果肉，只剩下上面的顶芽即可种在盆中等待生根

18. 小凤梨在东南亚作为盆栽被广泛种植，其果实味道还可以

19. 红凤梨（*Ananas bracteatus*）的花序一般为红色，叶子有色彩

20. 叶子有白边的红凤梨

21. 三色凤梨是红凤梨的一个变种，叶子有3种颜色

22. 红凤梨理论上可以食用，但通常用来作为装饰或者拜神使用

榴莲果

23 水果之王
榴莲

● 榴莲小档案

科属｜木棉科 榴莲属

拉丁学名｜*Durio zibethinus*

水果辨识｜大乔木，果实圆球形或椭球形，有皮刺

地理分布｜原产地主要是马来西亚、印度尼西亚，现东南亚地区广泛栽培

常见度｜☆☆☆☆

推荐度｜☆☆☆☆☆

听书生和你摊分享 扫一扫

马来西亚榴莲大量上市时就直接往地上摆

初见

　　初见榴莲是在2008年，那时，我刚刚到新加坡。在新加坡路边的榴莲水果摊上，第一次见到这种看上去很奇怪的水果。它们被排放得整整齐齐地堆在那里。大老远地就看到一旁的卖榴莲的大叔，他一手带着厚厚的手套一手抓着一把不显眼却又很锋

利的刀子向路过的人挥舞吆喝："来来来，老板！榴莲！苏丹王、牛油王、猫山王、王中王，绝对好料来的，包吃，要不要来一粒！"由于我初来乍到，也听别人说榴莲是臭的，看到女生从榴莲摊边经过时特意捂着鼻子和嘴巴匆匆而过，刚开始，我也学着这么跑过去，但在经过的时候还是忍不住盯着这个长相怪异的圆球形物体看半天。确实很好奇，它们果真那么臭吗？那时候我还是不敢尝试，目光和卖榴莲的一接触就赶紧转身低头快步走开，耳后只剩下榴莲大叔的声音："来，来，小弟，新鲜榴莲，尝一下嘛。"

试探

在新加坡的生活逐渐地习惯了，学校的奖学金也下来了，有了可供自由支配的资金了，这下有了榴莲尝鲜的"小资本"了。早些年新加坡的榴莲并不贵，在旺季的时候一个普通苏丹王（D24）榴莲价格差不多是5块钱新币（新加坡元）1个，10块钱3个（1元新币约相当于5元人民币），算下来也不算贵，现在已经涨到了新币十几块钱1千克。

榴莲可以从下午一直卖到深夜

我一直不敢买榴莲来吃，还因为有一点顾虑。新加坡是一个法律很严明很细致的国家，很多行为规范都是用法律来约束的。一旦违反，轻则罚款，重则还有其他的刑罚。那时，我刚到新加坡，很多事情都不敢轻易尝试，怕被罚款。有次去餐厅，通往餐厅没有其他路，只有草坪，我却不敢从餐厅外面的草坪上踏过去，只知道远远绕开，一直到后来看到无数新加坡本地的大叔大妈们从上面走过，才知道普通的草坪原来是可以踩的。可见当时初到新加坡时的小心谨慎。

榴莲是一种味道特殊的水果，新加坡和马来西亚都有明确标识牌，不可以带到酒店，或者是带上公交。当时我就担心万一买到榴莲吃不完或者吃不下，如果带回去吃，搞不好会被人投诉。因此就一直没敢下手买榴莲。不过这时的我从榴莲摊边上经过已经不用捂着鼻子了，但对于榴莲的味道还是没有接受的把握。当时还没有吃过一次榴莲，但每次从榴莲摊经过，却有种莫名的忐忑，既盼望又有些许害怕。

大约又过了几个月的时间，一个偶然的机会，经过一个小型菜市场附近的角落，我匆匆路过，但走过10多米远又原路跑回来了，因为我被一股令人着迷的清新香气给击中。太好闻了！放眼扫描下四周，觉得这味道不是从波罗蜜摊位或者菠萝摊位传来的，是什么呢？自己在脑海里瞬间排除了几个答案，唯一剩下的就是刚刚路过被自己忽略的那个榴莲摊。为了满足自己的好奇心，我就毫不犹豫地杀了回去，只为了追寻那股香气。这家的榴莲分为了两大堆，一堆是个头大一点的，10元新币3个，一堆是个头小点的，2元新币1个，5元新币3个，可以随便挑选。反正2块钱一个，可以豁出去了，少喝一杯饮料的事。于是吸一口气，抬头挺胸朝榴莲

便宜的山芭榴莲，需要有一定的功夫才可以挑到好的

摊凑了过去。老板是一个50岁上下的大叔，他坐在榴莲摊里面的一把简陋的椅子上，身穿一件深色T恤，上面的两个扣子还解开着，看起来挺凉快，也很坦荡，下身穿着很低调的深色短裤和一双磨得出油的拖鞋。他的脸很红，可能刚喝了啤酒，眼睛圆圆的，皱纹很深。他的门牙掉了两颗，笑起来露出两排黄黄的有缺口的牙齿。可能是他喝了酒再加上当时是下午，容易瞌睡，他正在叼着一根烟提神，见我走了过去，他起来把烟收住就跟我搭话，即便如此我还是站在气流的上游之中，因为我很讨厌烟的味道，于是，他很有礼貌地把烟给灭了，又把扣子整了整。他问我想要哪粒榴莲，我就说还不敢买，先来看看。我有点心虚地试探了他一句，榴莲不都是臭的吗？为什么这个味道很清新，一点臭味都没有啊？他不禁哈哈大笑起来，然后问我是不是中

国内的榴莲臭主要是因为榴莲已经不新鲜

国来的，来了多久，在哪里念书。问了一大圈儿，我一一如实回答，他才说到重点，这句话也让我一直记在了脑海里，甚至改变了我对很多事物的认知观。他说，真正的榴莲是不臭的，说榴莲臭的人很多是因为不懂榴莲。当时听了这句话也没有觉得什么，但后来细想，很有几分哲理。

后来跟他聊开了，了解到了一些他的个人情况。原来，他是马来西亚籍华人，从小在榴莲园长大，对榴莲自然是非常熟悉。谈到这里，我心里已经有些难以压制的激动，终于找到一个可以为我解答关于榴莲种种疑惑的人了。因为在新加坡，很多榴莲摊位，榴莲大叔或者榴莲小哥都不太乐意花工夫和你交流关于榴莲的挑选细节这些知识，当然，美女除外。

于是，在接下来断断续续的1个小时里，我逐渐获取了关于榴莲的一些有用的小术语：

包吃：顾名思义，就是包你吃到好吃的。如果一家摊位说他们包吃，让他们帮你挑榴莲，他们肯定会给你挑出来熟得刚刚好的榴莲，并且现场打开给你（注意一点，在原产地马来西亚和新加坡，榴莲裂开口就没有人要了，因为果肉已经跟空气接触，影响了品质）。如右图中的就已经开口影响口味了，卖家不会挑开口的卖给客人。

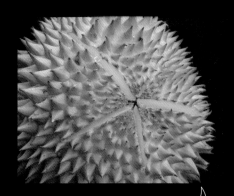

即使是这种刚刚开始自然裂口，实际不影响食用的，在新加坡和马来西亚，就已经属于没人要的榴莲了

吃的，包的：这个和其他地方吃的包的意思差不多，意思是问你是在这里吃，还是要帮你装盒子打包带走。

吃的意思就是在这里吃，包的意思就是打包带走

太生，太水：榴莲过生则硬，过熟则水。如果卖家承诺包吃，而打开一粒榴莲以后发现榴莲太生，吃起来脆脆的，或者是太水，吃起来果肉太湿软，这个时候都可以要求卖家重新开新的榴莲给你。如果你不懂这些专业用语，有时候就会被当做外行欺负。国内去旅游的游客往往容易被宰，店家会拿一些不好给游客，反正游客不懂，也不会有过多的要求。熟记这两个名词，关键时刻用上，当场理直气壮地拒绝口味不佳的，包你能换到好的榴

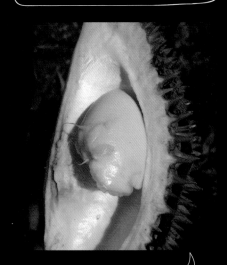

即使自然成熟的榴莲也会偶尔出现夹生的现象

莲吃。当然，如果你非要自己选榴莲，选了以后不够好，就不能找人家换了。

苦甜：同种榴莲因为生长的地区不同，榴莲树龄的不同而会出现不同的口味，有的偏苦则为苦味，有的偏甜，则为甜味，有的共有，则为苦甜。哪种口味，都有人偏爱。大体而言，刚接触榴莲，一般人更喜欢甜的，而资深榴莲吃货，更喜欢苦的，究其原因，是因为苦味榴莲的层次感更加厚重，吃起来回味无穷。

名种榴莲：顾名思义，就是比较出名的榴莲品种。因为好吃，而在市场上被广为流传，通常有两种类型。一种是经过注册认证的，每种都有编号，以榴莲英文（Durian）首字母D作为开始，加上数字来进行编号。从D1一直到现在的D204，目前最出名的猫山王榴莲编号就是D197。在猫山王独占鳌头之前一直引领市场的其实是苏丹王，也叫牛油王、牛油包，高山种植的还叫XO，其实都拥有同样的一个注册编号：D24。还有一些比较出名的品种比如D2、D13、

市场上的名种通常而言，白肉榴莲会偏苦，黄肉榴莲会偏甜，也有很多特例。豆腐榴莲（D162，Tawa）就是典型的苦味白肉榴莲

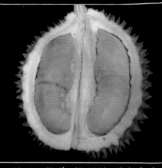

猫山王榴莲（D197）果肉金黄色，苦后回甘，果肉细腻，味道厚重，层次感强

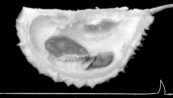

猫山王榴莲的种子多数偏小，也有嫁接的果出现种子偏大的情况

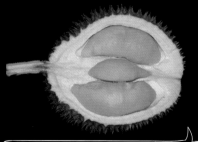

早些年流传甚广的苏丹王榴莲（D24）果肉肥厚，颜色浅白至淡黄色，像牛油，因此也被誉为"牛油王"

D24、D8、D200，等等。它们的优点是口味比较符合大众的喜爱，品质稳定，同一环境下生长出来的同品种榴莲品质几乎没有太大差别，容易销售，去年吃的和今年吃的味道不会差别太大。缺点也在这里，味道上没有太大变化，只有老树和新树的区别。

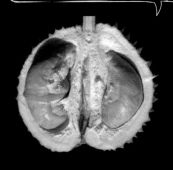

美食家蔡澜先生喜欢吃的槟城黑刺榴莲，注册编号是D200

　　名种榴莲中，还有一些是没有注册编号的。马来西亚有着优良的榴莲种植文化，再加上本身就是原产地，原始基因池比较丰富，有着各种各样的口味，盛产各种口味的榴莲，一些被拿去注册，身价大涨，另外一些则因为榴莲主人没有这种"名种情节"，或者其他原因导致最终没有注册成为"名种"，甘愿让自己的好品种屈居二线。但好吃是藏不住的，这些低调的名种也会在当地小有名气。这些名种榴莲通常是经过特别挑选和改良的品种，因为好吃而在榴莲排行榜上赫赫有名。

槟城有着很多的非注册名种榴莲，这种就是当地叫做"野猪嘴"的榴莲，它还有一个比较文雅的名字叫做"诸葛亮"，典型特征是果形比较长，底部会有一个弯嘴

　　山芭榴莲：也叫乡村榴莲、土种榴莲。顾名思义，指的是没有注册编号的普通榴莲。名种榴莲就像被选入皇宫的三千佳丽，而山芭榴莲就更像是民间的邻家小妹。一般没有人为的改良和选育，缺点是个头

山芭榴莲通常比较便宜，马来西亚经常可以看到论堆卖的，一堆价格约不到20人民币

小，产量低，种子较大，卖不上价钱，优点是味道独一无二，同一片山坡上的榴莲树，每一棵树的果实都不会一样。有一些老的山芭榴莲树龄几十年以上，果肉的味道甚至可以盖过猫山王，一般需要去到当地才可能吃到。

那么怎样才可以挑选到一粒好的榴莲呢？

望：就是要看榴莲整体的形态结构，市场上的以形态匀称者为佳，没有虫眼，没有被松鼠啃食过，没有裂口，果柄新鲜，不需要喷水看着就带着好吃的气质那种是首选。

摇：一手抓榴莲柄，一手托榴莲底部，快速摇动，能够听到或者感受到里面碰撞的声音，因为未成熟的榴莲整个是死死地长在内果皮上面，而成熟的榴莲则是因为太熟化水而黏住。只有成熟度刚刚好的能晃动。这种方法可以让你选出来干包榴莲，前提是闻过味道，已经过关，如果闻起来没什么味道，摇起来却有声响，则极有可能挑到果肉干瘪没什么香味的榴莲。

闻：闻是最关键的一步，能否挑到好的榴莲，这一环节最为关键。闻的时候要闻榴莲膨大的部分或者底部，因为熟的榴莲会裂开，在裂开以前，以上两个部位最容易散发味道，味道不可以过淡，也不可以过浓，刚好可以透过果皮

图中这颗就不合格，果实不够饱满，果皮上还有虫眼，当然价格合适另说

把榴莲托在手上，用虎口罩住闻，一方面可以防止鼻子被扎，另外一方面可以集中榴莲散发出来的气味

渗透出来那种不经意间的强烈香气的为佳。

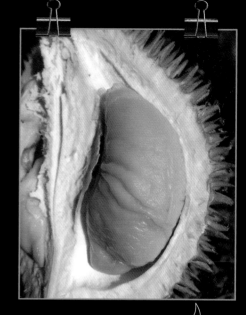

这种山芭榴莲，果肉黏喉，香气十足，甜度足够，尝了一口，托在手心里拍照的时候整个身子都在激动地发抖，回味至今

经过一番交流，我终于对榴莲有了更全面和具体的认知了，此时已经对这种一直不敢尝试的水果完全失去了抵抗力，最终决定买一个尝尝。我从那堆小个的里面挑选出了一个看起来不错的，用刀切开之后我惊呆了，这辈子都很难忘记新鲜榴莲果肉给我的震撼，好比贾宝玉第一次见到林黛玉时的惊诧，似曾相识却又很陌生的感觉，我小心翼翼地把果肉托在手上，根本不舍得吃，光嗅味道就足够让人陶醉了！它的果肉很光滑且有弹性，如美少女的肌肤，那熟透了的品相简直是对人视觉、嗅觉、味觉赤裸裸的诱惑！

观察良久，我才把它放在嘴里，轻轻地咬破一层皮，试着用舌尖舔了舔光滑的皮和内层鲜滑的果肉，果肉跟舌尖一接触即刻化开，香气瞬间就充满了整个口腔，一种前所未有的舌尖上的体验毫秒之间就刷新了大脑细胞对于味觉的认知数据库，这完全是一个全新的味觉领域啊！我压抑不住内心的兴奋，只能用表情回馈给榴莲大叔，大叔反而一副司空见惯的样子，非常淡定地看着我。那天，我在一种快乐得想哭的感觉中慢慢吃下了那一大块果肉，当时有机会真想对着全世界说：世上竟然有如此好吃的水果！然而我知道，这一切才刚刚开始。

追寻

在接下来的日子里，我便找到并发展了更多的喜欢吃榴莲的小伙伴，他们跟我一样，也爱上了榴莲。我们经常一起组队去吃榴莲，在新加坡的大街小巷，四处打听，互联网找攻略和推荐，从各种渠道寻找好吃的榴莲摊，刚开始并不知道榴莲有那么多种，也吃到过不好的榴莲，但只是极少数情况，这丝毫不影响我对榴莲的热爱。

后来，我渐渐得知，新加坡的榴莲都是从马来西亚进口的，资深榴莲吃货一定要去马来西亚，于是便办了马来西亚签证，向着传说中榴莲的圣地槟城（Penang）出发了。

到了那里才深刻体会到一句话，不到马来西亚根本不好意思说自己吃过榴莲！到了槟城，赶往浮罗山背（Balik Pulau），发现了更多少见的榴莲品种，记忆犹新的是槟城的老树红虾榴莲，那真是一绝，吃一口，回味3个月丝毫不夸张。还有当地一些特有的著名山芭榴莲，如甲必利（Capri）、豆油、蜈蚣、黑猴、波罗蜜头，等等，很多当地榴莲品种的名字去之前听都没有听过。

渐渐地，市面上常见的不常见的榴莲都被我的舌头给扫荡过了，与此同时，我也练就了一番看榴莲、挑榴莲、开榴莲的"绝技"。总是能发现榴莲摊中的不容易被人发现的"千里马"。

新加坡的榴莲几乎都来自于马来西亚，极少量产自于乌敏岛、蔡厝港等早期的乡村住宅区

就是这么一颗看似歪瓜裂枣，毫不起眼的老树红虾，深深地征服了我的舌尖

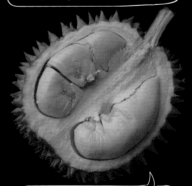

甲必利（Capri）榴莲，肉白，却很甜，果肉干软细腻，香滑味美

如右上图所示，这个品种叫文丁大红，是在吉隆坡市中心繁华地带发现的，是一个果农从乡下拉到城市卖的。这是一种品质绝佳而又少有的榴莲，很多马来西亚本地人都没有吃过这个种。这种榴莲色彩饱满诱人，以40年老树结的为佳，果肉上如能有褶皱，口味就会更加完美。当时匆匆而过，突然一眼闪到这堆榴莲，当时它们就在一个皮卡车上的角落里静静放着。看上去很饱满，青皮之中透着一股发黄的气息，它们安静而乖巧，而我只扫了一眼却不能控制自己了，赶紧朝卖榴莲的老板走去，一般这样的好货榴莲老板不会主动卖，是专门留给懂行的人吃的。见我一副外国游客装扮，他很吃惊，想不到我居然那么识货。于是，我就跟他谈好价钱，如获至宝地把这榴莲捧在了手里。深深地嗅它散发出来的香气，那股沁人心脾的自然香气让人陶醉。它那刚刚脱

文丁大红榴莲可能跟坤宝红肉榴莲（D164）有一定亲缘关系

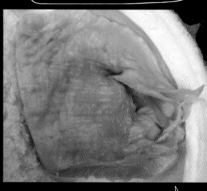

文丁大红老树榴莲的果肉容易出现褶皱，种子扁平，口感和味道都让人赞不绝口

落的新鲜柄痕、饱满的曲线、沁出来的香气、青绿透黄的颜色，无不在用各种立体的语言"诱惑"着我打开它，一睹它的整个世界。

它也的确没有让我失望，有眼缘的榴莲几乎很少让人失望，这就是水果之王的魅力！

国王般霸气的外观，果肉的色彩、香气、口感，整体的轮廓和线条，丰富而庞大的味觉元素，仅仅用二维的文字来描述这样多维度的感觉实在是太

难了，太折磨了，只能感叹纸的厚度不够，根本无法书写它那全方位的深度美！

迷恋

经常吃榴莲，我整个人都有点榴莲的感觉了。有了这种榴莲般的洒脱，就可以用充分的热情去迎接生活，用理性的眼光来客观判断周边的人和事，从而筛选出真正的朋友，为他们敞开心扉。

榴莲开花也是非常有气氛的。满树繁花，一派浓郁的热带风情，因为要能够承受足够多的重量，所以榴莲树逐渐演化形成了典型的茎生花现象，又为了提高结果的概率，所以必须开出大量的花，从而增加等待授粉的花的基数，然而，最后能被筛选下来让"榴莲妈妈"专心培育成果实的其实并不多。

因为工作的缘故，我经常需要去东南亚热带雨林里进行考察，每年有两个时间段是我最喜欢去马来西亚的，一个是6月到9月，一个是12月到翌年2月，因为这两个季节一般都是榴莲的果期，前者是旺季，榴莲的量大且稳定；后者也就是春节那段，量比较少，而且不稳定，这跟榴莲当年的积温以及当年自身营养吸收储存有关。

榴莲开的花

2014年1月我去马来西亚访问，顺便考察了附近的植被，发现了一大片当地土著管辖的野生榴莲，平常土著在山下生活，逢榴莲季节就会全家集体上山，守候榴莲坠落

记得有一次，当时正值榴莲产出旺季，我就让本地的植物学家带我上山看植物。其实他不知道我心里还打着其他小算盘呢！到了山上我就向他打听这里野生榴莲的分布情况，他并不是十足的榴莲控，只是隐约有印象，这附近他做过一些高大乔木植物的系统调查，榴莲自然也在其中。果然有了专家的带路，我们很快就找到了那片野生榴莲群，树高有30米，榴莲们一个个挂在树上很是惹人喜欢，总期盼着

榴莲是典型的老茎生花，果比较大，细软的枝头很难承其重

能看到它们掉落的瞬间，可是当地土著告诉我，基本上每天有两个时间段榴莲掉落的概率比较大，一个是在凌晨4点左右，一个是下午3点。马来西亚的榴莲基本都是自然成熟以后坠落的，而不是像国内从泰国进口的金枕头榴莲那样是人工上树割下来，运到国内再等它慢慢自己熟了裂开的。不同的生长周期形成了不同的口感。人工催熟的口感和品质可想而知。可也正是因为如此，国内消费者才会误认为"不开口的榴莲都不是熟榴莲"。

当地土著的生活习惯跟榴莲成长季是密不可分的，每年的榴莲成熟季节，他们就会全家回来就地用棕榈和木棍扎好小屋，再用棕榈科的藤本柔韧的芯材来编制成背篓，等待每天天刚亮的时候到山坡上捡榴莲，大多数野生的好榴莲都生长在山坡上，可能是因为山坡上相对其他树种而言，榴莲更容易凭借强大的身高优势成为优势树种。另外，山坡上的榴莲树因为水分不容易积压，对于榴莲本身的口感提升也有很关键的影响。

后来我逐渐在猎寻榴莲的路上越走越远，逐渐找到了很多种野生榴莲，它们和榴莲是"亲兄弟姐妹"的关系。之前介绍的各种可食用的品种在植物分类领域全属于榴莲（*Durio zibethinus*）这一个种，世界上大约有30多种榴莲，有至少10种是可以食用的。打个比方来说，我们吃的各种榴莲就像是不同肤色不同种族的人，但最起码来说都是人。结果，突然有一天发现除了人之外，原来还有类人猿、猩猩、猕猴、长臂猿等近缘物种，完全不是一个层面的。榴莲也是如此。

黄金榴莲的花是红色的，榴莲属有几种花都是红色的

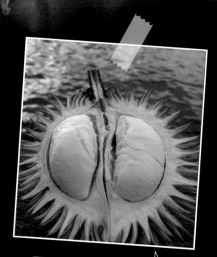

黄油榴莲（*Durio oxley-anus*）个头虽小，却很好吃

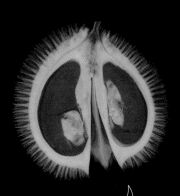

比较标准的红肉榴莲（*Durio graveolens*）个体，皮刺发橙色，果肉味道其实很淡

黄金榴莲（*Durio kutejensis*）果肉香气浓郁，口感绵软，甜中微苦，天生自带好吃属性

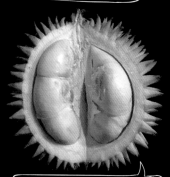

神山榴莲（*Durio kina-baluensis*）个头偏小，口感黏牙，味道十足，有一次想从马来西亚带出境几个，结果到了机场气味就暴露了

野生榴莲有的刺非常长，将近3厘米，果肉颜色和口感都比较像黄油，因此起名叫黄油榴莲；有的果肉红色为主，有少部分居群是橙黄色，因此跟着主流走，起名叫红肉榴莲。有的发现于沙巴神山，就叫神山榴莲，有的果实皮刺金黄，果肉金黄色，因此叫黄金榴莲……榴莲作为一种谜一样的水果，还有很多未知等着我们去探索，去感知。

榴莲所携带的信息量就像静谧的大海，看似平静，实则汹涌

我有时想，暂且不去做科学层面的思考，做一个糊涂点儿的水果猎人也是很让人陶醉的。闭目回想，这些年在不同地方吃过的榴莲必然有部分已参与了自己的身体细胞的构建，融入血液，让自己也变得更加充满榴莲般的活力和热情。我幻想自己在夜间化为了一棵榴莲树，在那浩瀚的热带雨林之中伟岸地矗立着，静静守望着沧海桑田。

印度尼西亚产的一种野生榴莲，花的颜色很惊艳，具体的种还有待进一步鉴定

一片原始的榴莲种群

大杯橄榄果实

24 东马明珠

大杯橄榄

东南亚水果猎人——不乖书生与水果的热恋之旅·初识

● **大杯橄榄小档案**

科属	橄榄科 橄榄属
拉丁学名	*Canarium odontophyllum*
水果辨识	乔木，果柄有黄绒毛，果皮黑色，果肉黄色
地理分布	苏门答腊岛，婆罗洲，菲律宾，马来半岛等
常见度	☆☆☆
推荐度	☆☆☆☆☆

大杯橄榄果实有"毛绒帽"

榨橄榄油用的是油橄榄（*Olea europaea*）

真正的橄榄（*Canarium album*），果实食用以后对嗓子有好处

混沌

　　我最初接触"橄榄"两个字的时候是听说有种很高级的植物油叫橄榄油。印象中橄榄就是一种可以用来榨油的果实，没把它和水果挂上钩。后来在南方看到市场有卖的，吃了以后发现好像没有什么油腻的感觉，卖家只是说吃了对嗓子好。当时颇有疑

惑，怀疑可能此橄榄非彼橄榄。

后来才确切知道同样是"橄榄"这两个字，其实指代的植物却是完全不同的。

橄榄油的橄榄其实来自于木樨科的木樨榄（*Olea europaea*），叫油橄榄更加容易记忆，这种植物在地中海那边分布比较多，诺亚方舟故事中鸽子叼回来的象征世界和平的树枝也是这种油橄榄的枝条。后来接触到对嗓子好的果子是在亚洲分布比较多的橄榄，属于橄榄科，橄榄属植物。

象征和平的橄榄枝

家族

橄榄科这一大家子主要价值是药用，树脂和果实可以入药，部分种类的果实可以吃，也可以榨油，还有一些比较高大，木材被用来做建筑材料或家具。

橄榄科在全世界大约有不到20个属，总共有500多个家族成员。它们很喜欢热一点的气候，主要分布在南北半球的热带区域，只有少量胆儿大不怕冻的可以"跑"到中国四川。中国有3属13种，而东南亚的橄榄属资源就要丰富很多。

橄榄属目前全世界大概不到100种，主要分布于非洲热带、亚洲热带亚热带、大洋洲等地。中国大概有7种，主要分布在广东、广西、海南、福建、云南及台湾。橄榄属果实为核果，值得高兴的是很多种是可以吃的，有的是肉

木樨榄也叫油橄榄，自然成熟后为黑紫色，加工后会变成不同的颜色

质的外果皮能吃，有的是果核里面的肉能吃，也有的是两者都可以吃。

东马明珠

　　东南亚热带雨林里面有着大量的橄榄资源。说到橄榄，我的脑海里第一个冒出来的就是一种产自婆罗洲北部的黑色果实，根据当地的马来文名字"Dabai"音译而叫做大杯橄榄，是橄榄的"亲兄弟"，在婆罗洲尤其是东马沙巴和沙捞越一带颇有名气，可以称得上是东马水果市场中的明星。我第一次见到的时候还忍不住感叹竟然有这种黑中带黄的果实。这种果实吃法也很特别，把果实去柄洗净后放在60℃左右的温水里面泡几分钟，果肉就会变得很香软，再加上果肉原有的细腻和油性，吃起来颇有牛油果的感觉。外面的果肉吃完会剩下一个很硬的"坚果"，砸开后里面的肉也是不容错过的美味。

东马（沙巴和沙捞越）市场上的大杯橄榄（*Canarium odontophyllum*）

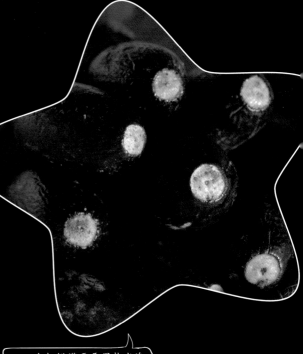

大杯橄榄需要用热水泡几分钟，变软了方可食用

东南亚水果猎人——不乖书生与水果的热恋之旅·初识

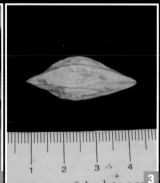

1. 油橄榄的花，只看果实图片比较难区分橄榄和油橄榄，但看花就知道油橄榄是典型的木樨科植物

2. 橄榄（*C.album*）生吃果肉有涩味，回甘

3. 橄榄的核

4. 橄榄属植物的果核通常比较坚硬，会有部分流入文玩市场，一般截面呈典型的3基数

5. 油橄榄（木樨榄）的嫩果

6. 尖叶橄榄（*Canarium acutifolium*）的个头比较小

7. 方榄（*Canarium bengalense*）的果比较大

8. 印度橄榄（*Canarium indicum*）果实成熟以后也是黑色，大小和大杯橄榄很接近

9. 印度橄榄的果核

10. 卵果橄榄

11. 展脉橄榄（*Canarium patentinervi-um*）的果

12. 展脉橄榄果肉中的纤维注定其不好啃食

13. 卵果橄榄（*Canarium ovatum*）的花，橄榄属的花很相似

14. 毛橄榄（*Canarium pilosum*）的嫩叶红色且多毛

15. 大杯橄榄的叶脉

16. 羽扇橄榄（*Canarium pseudodecuma-num*）刚萌发出来的时候像羽扇

17. 广布橄榄（*Canarium vulgare*）的果

18. 广布橄榄也有典型的"三岔标记"

火龙果

常见火龙果果肉为白色

- **火龙果小档案**

科属	仙人掌科 量天尺属
拉丁学名	*Hylocereus undatus*
水果辨识	攀援肉质灌木，花朵硕大，果实长球形，果肉白色
地理分布	原产美洲，现在世界各地广泛栽培
常见度	☆☆☆☆☆
推荐度	☆☆☆☆☆

火龙果是一个商品名，正式中文名叫量天尺

初见

我在很小的时候就已经见过火龙果了，只是当时还不知道这就是火龙果。记得园艺市场上卖的很多五颜六色的仙人球小盆栽下面总有一段绿色的砧木，通常是三角形的，后来才知道这个砧木就是火龙果的植株。有一个新加坡的朋友养了

留心观察，园艺上很多漂亮的绯牡丹仙人球其实是以火龙果的植株为砧木嫁接的

这样的一盆仙人球，结果因为长期照料不周，把上面的仙人球养死了，下面作为砧木的火龙果却继续活了下来，还长得蛮好。后来渐渐地就接触到了火龙果的果实，我曾经一度思维发散，想这种奇怪的水果里面怎么还会长出来这么多小黑芝麻呢，这种"芝麻"不能榨油吃？后来油是没榨成，埋在花盆里倒是长成了萌萌的多肉小盆栽。

虚惊

　　新加坡一个慵懒的周末，有一天，我去上卫生间，突然发现有些不太对劲，小便竟然是粉红色的，赶紧停住，简直不敢相信自己的眼睛，瞬间大脑出现了一连串的联想，甚至连遗嘱内容都噼里啪啦往外冒，难道是尿道结石了？肾大出血了？当时，我吓得脸都苍白了。提上裤子坐在外面深呼吸几口气冷静下来，如果真的是有了问题，不会这么突然，而且身体没有任何不适的感觉，去年刚做过体检，今早还正常的，问题很可能出现在今早到现在，大脑在飞速的搜索着每一个细节，等等，今早吃完早餐又吃了一个大大的红肉火龙果，会不会是火龙果的问题？有可能，但是之前从来没出现过啊，难道这个火龙果不新鲜，不应该啊，明明口感很好。赶紧上网查红肉火龙果吃多了的症状，一查才舒了一口气，原来很多时候人体没办法完全分解掉红肉火龙果中的甜菜红素，会通过排便的方式排泄出去，很多人都有被吓到的经历，后来发现其实都是虚惊一场。

红肉火龙果（*Hylocereus costaricensis*）含有大量的甜菜红素

家族

　　有了这次经历后，我就开始研究火龙果的分类了。火龙果原来是一类仙人掌的果实，所在的量天尺属也叫三角柱属，全世界大概有十几个种，原产

于热带美洲，花朵
硕大，果实也较
大，亚洲引进栽培
比较常见的有三种：
一种红皮白肉、一种
黄皮白肉、一种红皮红
肉。红皮白肉的火龙果是目前市场

火龙果（*Hylocereus undatus*）果实截面为椭圆形，顶端肉质鳞片较长

上最多见的，被大量商业化种植栽培，其次是红皮红肉的火龙果，高端市场上也可以看到黄皮白肉的麒麟果，也叫燕窝果。

红肉火龙果（*Hylocereus costaricensis*）果实一般较圆，切面近似圆形

红肉火龙果和燕窝果（*Hylocereus megalanthus*）对比照

燕窝果果实切面呈椭圆形，种子较大

红肉火龙果顶端鳞片相对较短，火龙果顶端鳞片长很多

火龙果和红肉火龙果在东南亚水果市场上都相对比较常见，国内红肉火龙果也越来越常见

在新加坡，路边会经常看到树冠亭亭如盖的雨树，仔细留心的话有时候会发现在这些雨树的大树干上有攀爬而上的火龙果，它们一节一节地生长，每一节都像一把三角尺，可以长得很高，颇有爬上云霄，丈量天高的气势，难怪会被叫做量天尺。

从树下面望上去非常壮观

新加坡路边部分雨树
上会有火龙果在上面盘踞

传说

火龙果也叫红龙果、龙珠果，主要是果实红色的外皮和肉质鳞片容易引起人类丰富的联想，与之相关的传说故事就会有很多，但和其他水果的故事套路都是差不多的，情节基本上就是谁谁谁身遇险境，快不行了，突然得到某某空降天神的启发，抱着试一试的态度吃了身旁的这种果子，然后满血复活，再添加一些小插曲作为佐料，后来大家就叫它是某某果了。故事有时候还很逼真励志，但基本上都经不起仔细推敲，也就只能当做故事和传说听听罢了。

红肉火龙果和燕窝果比较甜

不管怎么编造，如果水果本身不够好还是传播不开的，火龙果甜美清新的浆果是赢得人们青睐的最关键因素。炎热的夏季，拿出一颗火龙果，对半切开，跟爱人一起拿小勺子挖着吃，那种幸福的感觉会清凉整个夏天。

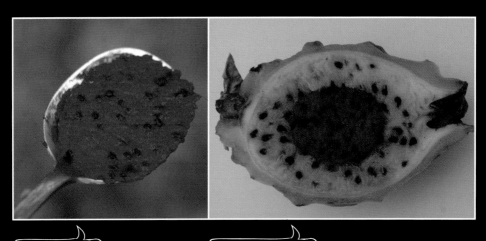

用小勺子挖着吃

可以玩"将心比心"

1. 火龙果开花很漂亮，它在夜间开花，白天凋谢，因此不怎么常见，部分地区把花收集起来晒干煲汤用，霸王花说的就是它

2. 火龙果经过改良，现在有些品种已经不需要人工授粉就可以结果

3. 火龙果的嫩果

4. 火龙果的黑子和果肉都可以一齐吞进肚子

5. 火龙果的种子。滤净果肉，种在花盆里，可以收获一盆多肉植物

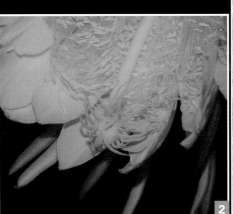

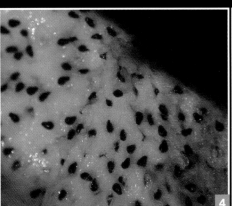

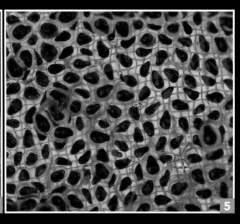

胭脂掌的果

胭脂掌

胭脂掌小档案

科属	仙人掌科 仙人掌属
拉丁学名	*Opuntia cochenillifera*
水果辨识	直立肉质灌木或者小乔木，叶片退化成刺，果实椭圆球形
地理分布	原产美洲，现在世界热带亚热带地区广泛栽培
常见度	☆☆☆☆☆
推荐度	☆☆☆☆☆

胭脂掌的花

印象

我从小对仙人掌这类植物就没什么好感，因为这些植物有刺，有人还故意把一些仙人掌种在自家墙头上，防止小孩儿翻墙偷摘院子里馋人的杏儿。唯一能加分的一点就是很多仙人掌的果实是可以吃的，但要小心处理果实外面的刺，戴上手套把外层皮都给剥了，里面的果肉是深红色的，浅

仙人掌属叶子退化，有掌状的肉质茎。图为线点仙人掌（*O.rufida*）

黄色的点叫做刺座，有发芽、抽花的功能

浅的甜味中还夹杂了点儿酸，也为儿时
的生活增添了不少童趣。

认知

到了新加坡，随着对热带植物的
一点点探索，我对植物世界的认知也
就一层层清晰明了起来。仙人掌属在
全世界约有200个成员，原产美洲温
带至热带地区，对温度适应性强一
些，凭借这个优点，目前很多种已经
被世界各地引种栽培，主要用来绿

胭脂掌的嫩肉质茎和肉质叶

化或作为小盆栽观赏，也有部分可以用来作为食材，食用部分主要是厚
厚的肉质茎或果实，一些种在中国南部及西南部地区已经有了产业化栽培。

胭脂

东南亚路边比较常见到的一种仙人掌，植株是直立
的，个头比一个中国北方汉子还要高很多，开花结果也
特别频繁，感觉一年四季都可以有收获，从来没有间断
过，过了很久才知道它叫胭脂仙人掌，简称胭
脂掌。

这个名字可是大有来头，在合成染料尚
未诞生的时代，"胭脂红"号称是自然界
能生产的最红的染料，因为量少，价格非
常昂贵。那个时候，胭脂红的提炼和这
种胭脂仙人掌有着莫大的联系。胭脂掌
被大量种植主要是为了养一种雪白色的

胭脂掌植株比
较高大，花果常有

胭脂虫，这种虫子很小，需要靠吃胭脂掌来大量繁殖，然后会被人收集起来压碎，得到的液体再加工制作胭脂红，现在这种传统工艺做出来的染料依然还在发挥着作用，被作为无毒添加剂广泛应用于化妆品、食品和饮料中。

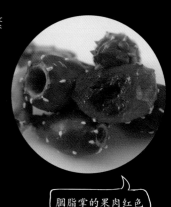

胭脂掌的果肉红色

品味

还是忘却胭脂虫，来感受一下胭脂掌果实的魅力吧！

胭脂掌的果实成熟的时候紫红色，果实表面有刺，吃之前得非常小心地去皮，最好带手套操作，去皮后把它一分为二，用小勺子挖着吃，果肉很清脆，果汁血红色，种子吐在纸巾上会形成一片片晕染的红云。

胭脂掌果实的甜味不是很重，略带一点酸酸的感觉，和另外一种全球比较畅销的梨果仙人掌比起来，梨果的果肉要多很多，果汁更甜。整体而言，仙人掌属植物的果实吃起来口感和味道差别不是很大，假如把仙人掌属的果实收集起来，酿造一些果酒口感应该是非常不错的。

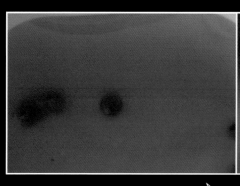

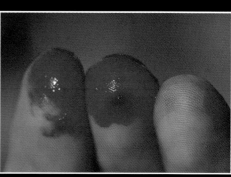

胭脂掌种子表面的少量果肉就可以把水染红

胭脂掌果汁沾到手上像手在流血一样

了解更多

1. 长刺仙人掌（*O.articulata*）的刺比较飘逸

2. 没有种子的胭脂掌果实会慢慢变黄脱落

3. 授粉完成发育饱满的胭脂掌嫩果

4. 成熟的胭脂掌果实

5. 爱丽丝仙人掌（*O.ellisiana*）的肉质茎比较薄，略成菱形

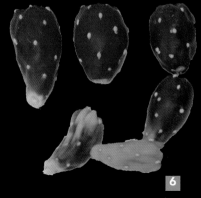

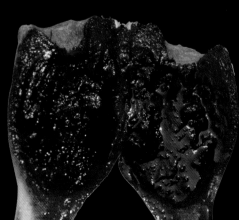

6. 胭脂掌花苞如果没有授粉成功，上面的刺座还可以再分化出来新的花苞重新开花结果

7. 爱丽丝仙人掌成熟果实

8. 爱丽丝仙人掌果实剖面，注意种子没有发育

9. 爱丽丝仙人掌的果肉也是血红色

16. 某种仙人掌刺座上抽出的花芽

17. 仙人掌属一般在肉质茎的顶端开花结果

18. 某种仙人掌属的花

樱麒麟

樱麒麟的花

樱麒麟小档案

科属	仙人掌科 叶仙人掌属
拉丁学名	*Pereskia bleo*
水果辨识	常绿灌木或小乔木，树干有刺，花瓣橙色，果飞碟状
地理分布	原产中美洲，现在世界热带地区广泛栽培
常见度	☆☆☆☆
推荐度	☆☆☆☆☆

樱麒麟成熟的果

中药

　　最初接触东南亚植物的时候，我经常去逛各种公园和私人种植的草药园，里面总是可以找到很多有趣的植物，一来二去就跟很多草药种植爱好者熟了起来。第一次看到樱麒麟开花的时候感觉很惊艳，花比普通的樱花要大很多，颜色很漂亮，当时还不知道叫什么，就问它的主人，结果被告知是七星针，因为树干有很多针一样的刺，我数了一下发现刺并不止七根，至于为何不叫八星、九星他也不是很明白，可能和北斗七星有关，起一个好听的名字更容易记忆，也没有过多考究。

木麒麟（*Pereskia aculeata*）

樱麒麟嫩茎的刺并不止七根，并不理解为何叫七星针

仙人掌

回去后我就开始查七星针的资料，结果令人大吃一惊，它竟然是仙人掌科的！这太不科学了吧，仙人掌在我印象中一直都是没有什么叶子，浑身是刺，樱麒麟不但有叶子，还很郁郁葱葱。但仔细观察花的结构和茎上的刺座，和仙人掌科的主要特征还是完全吻合的，只不过是叶子没有完全退化而已，难怪被植物学家们给分到了叶仙人掌属里面，意思就是这类仙人掌是有叶子的。

叶仙人掌属在全世界大

樱麒麟老茎上的刺更多

概不到20种，原产地主要是美洲巴西和墨西哥一代，因为比较容易种植，再加上它的花朵很美而且有一定的食用价值而被广泛引种种植，其中，樱麒麟最为常见。

樱麒麟的"亲姐妹"大叶木麒麟（*P.grandifolia*）

樱麒麟的另一个亲姐妹蔷薇麒麟（*P.sacharosa*）的花

樱麒麟的亲姐妹木麒麟（*P.aculeata*）的花

叶花果

　　后来再次拜访这个小花园的时候就问这位老先生，为何要种植这种植物，那么多刺不怕扎到人吗？老先生笑了一下，神秘地带着我走近那棵樱麒麟，直接从树顶端摘了两片嫩叶，一片放在嘴里嚼，一片给了我，我半信半疑地接了过来放在嘴里，味道微酸，口感黏黏的，还有股绿叶的清香味，但并不是青涩的青草味，综合评价竟然很不错，可以生吃叶片的植物，比吃其他仙人掌的肉质茎要高级很多，起码不用剥刺。见我很是震惊，他又摘了一朵花给我，让我吃，吃后发现，花瓣和嫩叶吃起来的口感差不多，但感觉更好吃一些，然后，他又摘了一颗发黄的果实给我吃。我观察了一下果实的形状像一个飞碟，掰开会发现里面有一些黑色的绿豆大小的种子，果肉有黏

液，吃起来酸酸的，相比较而言还是更喜欢吃新鲜的嫩叶和花。老先生说他们相信这种植物有着很强的抗癌和排毒的功效，很多人听说了就争相在房前屋后种植，这种植物又极易生长，路边就越来越常见。至于这种植物是否有抗癌和排毒的功效我没有深入研究，但仙人掌科植物确实没有什么大的毒性，在角落里种上一两棵，时不时就摘点花和叶子吃，也不失为一种乐趣。

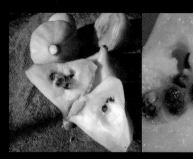
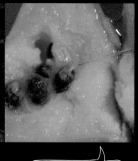

樱麒麟飞碟一样的果实

樱麒麟果实掰开可以看到种子和明显的黏液

新加坡路边的樱麒麟植株很茂盛

樱麒麟的嫩叶和花苞都可以直接食用，味道还不错

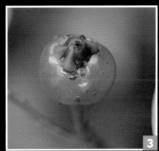

1. 樱麒麟的果实成熟以前为绿色

2. 樱麒麟的种子黑色，并不硬

3. 木麒麟的果实比较小

4. 木麒麟的果成熟后橙黄色，酸甜

5. 大叶木麒麟茎刺相对较少

6. 大叶木麒麟的叶和嫩果，黑色为谢掉的
   花瓣

7. 多花木麒麟（*P.nemorosa*）的刺

8. 蔷薇麒麟的果上面通常顶着几片小叶子

9. 蔷薇麒麟（*Pereskia sacharosa*）的果实

东南亚水果市场一直都可以看到番木瓜

番木瓜的花

28 丰胸「专家」

番木瓜

● **番木瓜小档案**

科属	番木瓜科　番木瓜属
拉丁学名	*Carica papaya*
水果辨识	常绿软木质小乔木，具乳汁。浆果肉质，成熟时橙黄色，果肉柔软多汁，香甜可口
地理分布	原产热带美洲，现广植于世界热带及亚热带地区
常见度	☆☆☆☆☆
推荐度	☆☆☆☆☆

蔷薇科的木瓜（*Pseudocydonia sinensis*）个头比番木瓜小

美体

　　有一种水果一被提起，人们就会不由自主地和丰胸联想起来，名字叫木瓜。木瓜中国常见的有两种：一种是蔷薇科的木瓜，原产自中国；另外一种是番木瓜科的，因为长得像木瓜，又是外来的，所以叫番木瓜，平常人们也简称木瓜。二者名字很相近，但其实差别很大。番木瓜最出名的莫过于被扣上了一顶"丰胸"帽子。这种说法其实并没有什么明显的作用和严谨的科学依据，但正常补充维生素和果糖还是极好的。

更常吃到的木瓜其实本名是番木瓜

蔷薇科的木瓜截面会感觉很像苹果和梨子，因为它们都是一家人

番木瓜

　　真正的木瓜虽然原产中国，
而且闻起来很香，还方便运输和
保存，但是就是没有能够走入寻常
百姓家，很重要的一个原因是木瓜直
接吃起来又酸又硬，自从番木瓜进到中
国以后，木瓜就越来越不出名，逐渐淡出
大众的餐桌，以至于后来大家提到木瓜就自然
也以为是说的番木瓜。

　　番木瓜是番木瓜科正统的"科长大人"，这个科
在世界植物帝国里面是比较小众的一家子，"这家子"全世界一共才几十
种，还被分到几个不同的属里面。按说该很不起眼，可是这家子很多果实是
可以吃的，关键是还很好吃，很好种，果实还好保存运
输。因此全世界范围内热带亚热带地区都在广泛
种植，几乎一年四季都可以在超市看到它们
的影子。

番木瓜（*Carica papaya*）

邻居家里种植的番木瓜

婆罗洲

　　番木瓜在全世界范围内已经很普及了，
在北方的时候就经常吃到以至于刚到东南亚吃
到的时候除了觉得更香甜也并没有觉得有什么大的
不同。直到有一次受邀去婆罗洲考察，当时目的是考察当地
药用植物，去的是比较原始的雨林，跟当地土著居民一起生活，条件很艰
苦，天天奔波在雨林里面，也没办法洗热水澡，晚上又被蚊虫叮咬导致睡眠
不好，体力严重透支，身体莫名燥热，经常流鼻血。于是当地土著为了给我
"败火"就采了某种植物的嫩叶子焯水做菜吃，第一次吃到那叶子时还挺好

奇的，味道很苦。从碗里夹出来一大片，仔细一看，疑似番木瓜的叶子，但不敢确定，就让当地土著带着去看。到了跟前一看，果然是番木瓜，他们自己种的，因为种植环境比较好，这几棵树长得很是喜人，硕果累累，最下

番木瓜的嫩叶可以食用，很苦，据说有"降火"的功效

面还有几个都透黄了，人在成熟的水果跟前很难掩饰发自原始基因的那种渴望，在猿人时代，获得一个果实可能就意味着多一个生存的机会。土著朋友好像看懂了我的眼神，从旁边草丛里拿了根藏好的长木棍，左右走了几步，看了几眼，找准位置，避开直射的阳光，把棍子举了上去，顶着透黄番木瓜的最下面向一个方向用力捅两三下，一个番木瓜就掉下来了。我兴奋地跑过去捡起来，番木瓜的果柄断掉的地方还在不停涌着稀稀的乳白色的果汁，忍不住舔了一下，味道并不怎么样。我向土著朋友示意他切开，他摇头并用手比划，意思大致是现在还不行，太生。但在我的坚持下他用随身带的刀切开了果子，果肉颜色非常漂亮，还有乳汁渗出来，里面有非常多的种子，种子外面裹了一层气泡一样的透明黏膜，在阳光下如同一团团鱼卵。他切了一小块儿给我，我接了过来，乳汁很多，很快黏在了手指上，顾不得那么多了，拿着就啃，结果发现果肉好硬，甜度是够了，但是味道还不够香，啃起来像是在吃无味的苹果，跟平常吃到的番木瓜完全不同。在一旁看我皱

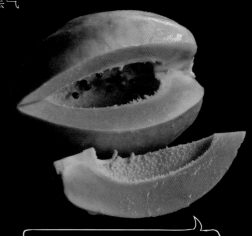

被捅下来的就是这个不够成熟的番木瓜

眉不解而捂着嘴偷乐的土著朋友跟我比划：放到明天就可以吃了。

第二天一大早刚吃过早餐没多久，他就把昨天剩下的番木瓜拿了过来，果肉颜色似乎更深了，乳汁也似乎都消失不见了，他切了一小块儿给我，接过来的那一刹那就感受到了熟悉的番木瓜的手感，对，就是这个感觉！像亲吻心上人时感受她的眉心，又像第一次"不经意"触碰她的手背时，幸福而熟悉的心跳。果然，这次的番木瓜香味扑鼻，沁人肺腑，把种子用舌头一排排从果肉上扫下来，畅快地吐在一旁的草丛里，让它们生根发芽，完全不用担心污染城市环境影响市容。前期的处理工作做好，剩下的就是啃，大力地啃！似乎攒足了一天的期待，狠狠咬了一口，果肉的香甜软嫩瞬间释放了，我沉浸在水果的芳香世界里不能自拔。

果不醉人人自醉，食欲得到满足，我坐在小木墩板凳上，眼前看着远处云雾缭绕的雨林，有飞鸟时不时划过，它们嘴里胃里想必是更多更醉人的果子，只是它们不善于表达，只能把感受化成了多彩的羽毛，美妙的舞蹈，空灵的鸣叫，极力在描绘着这个美好的自然。

了解更多

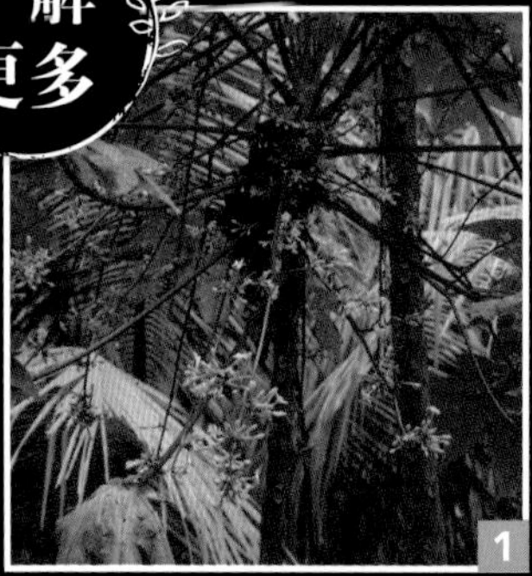

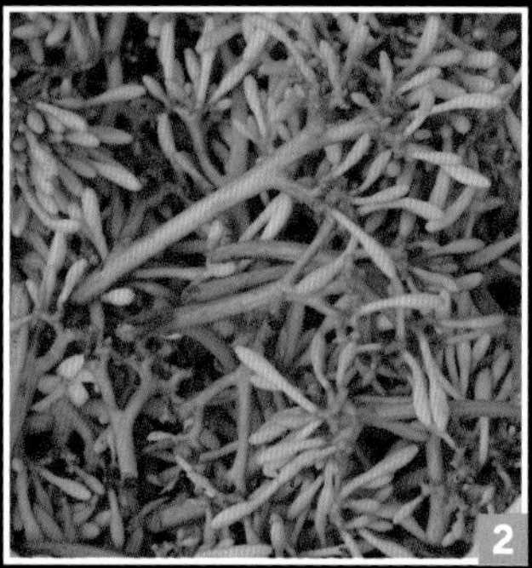

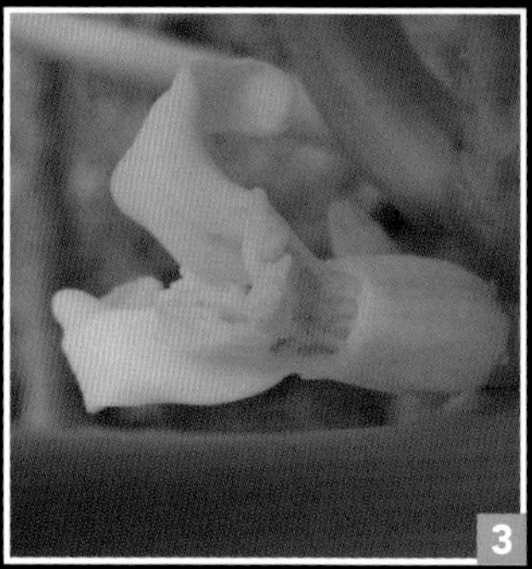

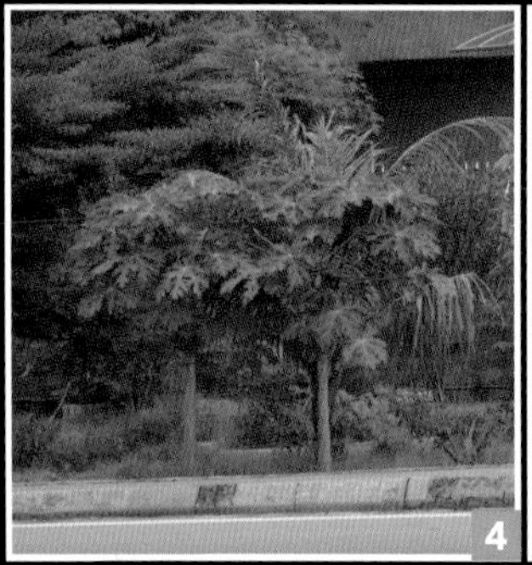

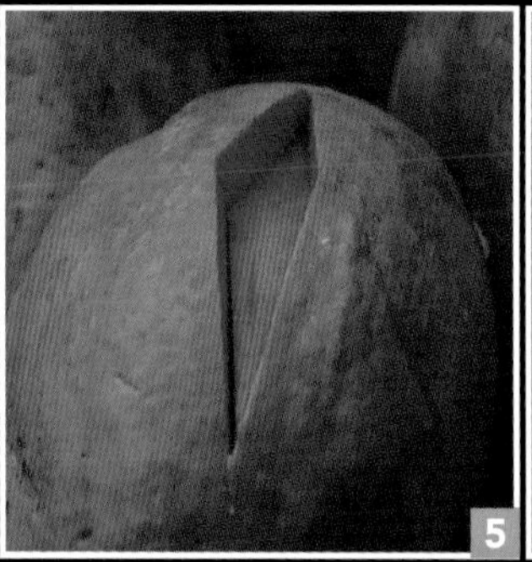

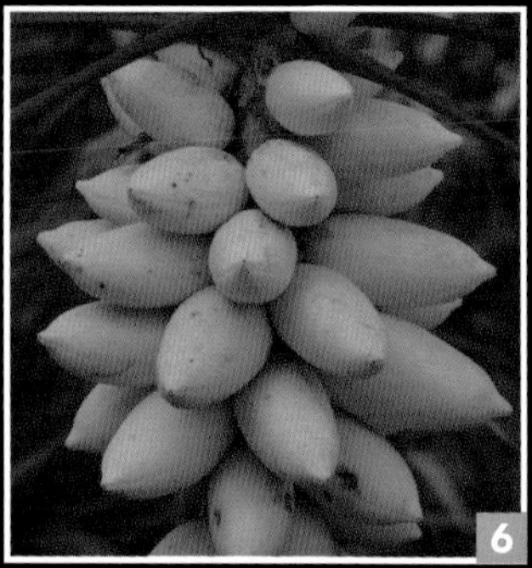

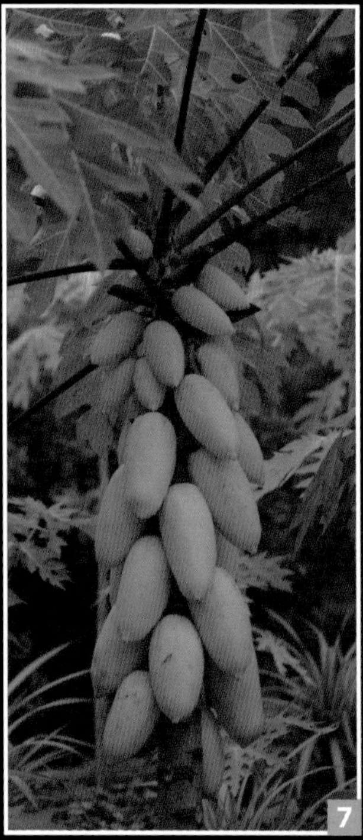

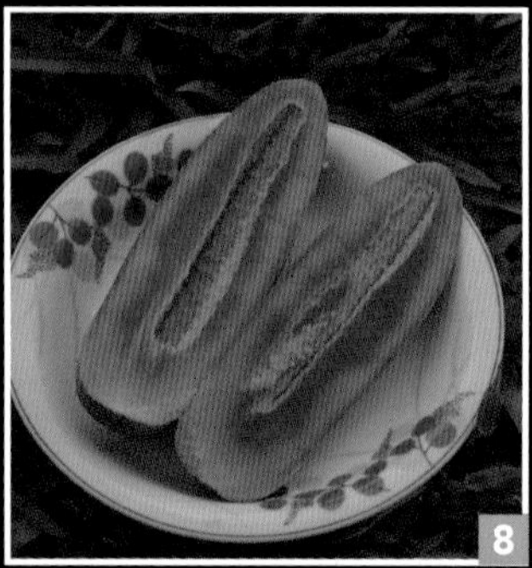

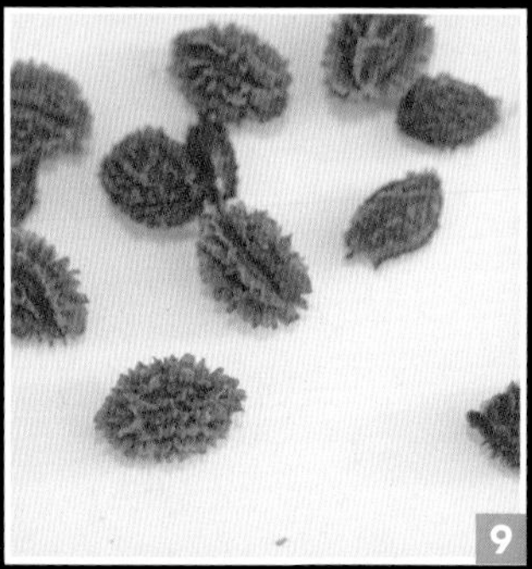

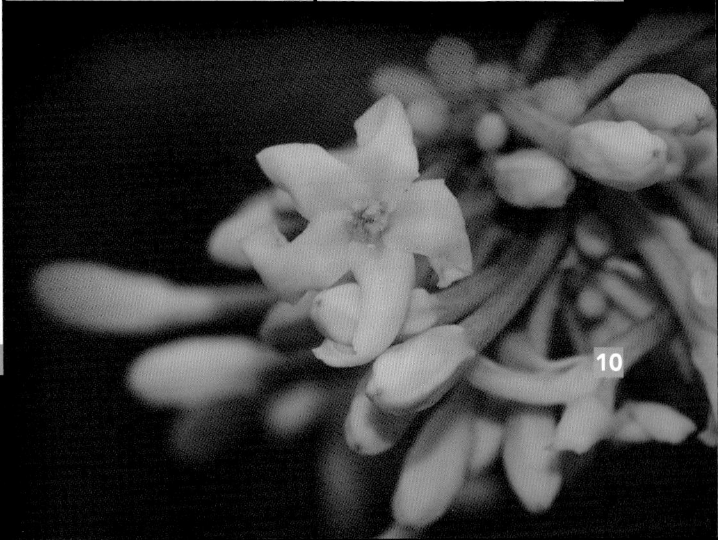

1. 番木瓜花的性别挺复杂，不止两性那么简单，这种花序很长的被俗称"公木瓜"，但其实是可以结果的

2. 番木瓜的花可以当作蔬菜食用

3. 番木瓜的两性花，上面是柱头，下面还有雄蕊

4. 马来西亚路边的番木瓜树

5. 近些年越来越多的番木瓜品种被培育出来，这种是海南产的红肉番木瓜

6. 最近两三年东南亚开始流行一种"黄金番木瓜"，果实一长出来就是金黄色的

7. 黄金番木瓜常见的还有两种类型，一种是黄色的叶柄，一种是紫色的叶柄，观赏价值很高

8. 黄金番木瓜成熟以后种子比较少，有的甚至没有，果肉略偏橙红色

9. 番木瓜的种子外面包了一层膜，去膜以后就会暴露其"狰狞"的本质

10. 番木瓜的雄花

11. 皱皮木瓜（*Chaenomeles speciosa*）花的特写

12. 木瓜开花时节繁密的花朵装点了北京的春天。图为北京植物园的皱皮木瓜

13. 皱皮木瓜花有单瓣和重瓣，也有红色和粉色等多种品种

14. 木瓜的种子很像苹果的种子，都是蔷薇科的

29
水果王后

山竹

● 山竹小档案

科属｜藤黄科 藤黄属

拉丁学名｜*Garcinia mangostana*

水果辨识｜小乔木，叶对生，果成熟时紫红色，果肉白色

地理分布｜原产自东南亚，亚洲和非洲热带地区广泛栽培

常见度｜☆☆☆☆☆

推荐度｜☆☆☆☆☆

封后

一直没有弄明白为啥山竹被称为水果王后，论好吃，很多水果不该输给它，可能是因为它在东南亚水果文化中的地位。在东南亚，毫无疑问，水果之王是榴莲，而人们把榴莲和山竹视为夫妻，山竹自然而然就成了王后了。东南亚有个说法就是吃了榴莲以后一定要吃山竹来

山竹的果

中和一下，去去热气，颇有阴阳平衡之妙。到东南亚旅游，特别要注意的是，有的酒店不仅不让带榴莲，还不让带山竹，主要是因为山竹的壳有很强的染色作用，一不小心可能把地毯或者床单染色，很难洗掉。

山竹算得上是这个属几百个"兄弟姐妹"里面非常好吃的一个，黑紫色的果皮包裹着的是白皙的果肉，果肉又有着恰到好处的曲线，十分诱人。山竹闻起来并没有很大的味道，但是吃起来却很甜美，还有一股清香。

挑选

在北方，很多时候因为长期运输的原因，到了消费者手中，山竹已经不怎么新鲜了，吃起来并不是很好吃。要想吃到好吃的山竹，挑选的时候首先要看果柄处的"小叶子"，这虽不是最关键的指标但最好不要枯黄的，否则，坏果的可能性会比较大。其次是捏一下山竹的果皮，柔软均匀而有弹性的是好的，压根捏不动的通常是"死竹"。最后就是看山竹的"屁股"，屁股上有几瓣，里面的果肉就会有几瓣，瓣比较少而且其中一瓣比较突出比较大的通常是因为里面有很大的种子，可以选瓣数比较多一些的，吃不到种子的概率就大一些，吃不到种子就是赚到了。从外形上来区分，市场上比较常见的有两种：一种外表比

新鲜的山竹萼片很绿

从底部可以看到这个果里面有5瓣果肉

山竹果肉大瓣的往往有种子

较光滑油亮，水果行业称之为油竹，通常个头较大，树比较新；另外一种外表很粗糙，像长了麻子一样，业内称之为麻竹，结这种果的树一般比较老，果实吃起来口味也更好。水果界的行家们只吃麻竹，很少吃油竹。 山竹不够新鲜会有两个比较常见的表象：一个称之为"黄膏"，表现为山竹果内有很多黄色的膏点（正常的山竹果也会有黄色的树脂，骨子里带的，没有才不科学，但是没有那么多，也不会干扰到洁白的果肉），一旦打开发现里面黄膏太多影响食用，说明果实不够好；还有一个现象称之为玻璃心，新鲜的山竹果肉整个都是纯白的，并不透明，当发现果肉的中心位置开始变透明，像冻透了的玻璃一样，吃起来还有嚼劲儿，这时候也要注意，可能是不够新鲜了。国内市场上的山竹基本上都是依赖进口，运输条件会影响山竹的品质。吃货们擦亮眼睛尽可能不被坑的同时也要多多体谅卖家的不易，彼此理解。

麻竹往往外观不好看，但更好吃

山竹的黄膏从开花的阶段就有了，到了果实成熟阶段，果皮有黄膏正常，果肉为纯白色

出现玻璃心的话，果肉就会变透明而不再是纯白色了

品种

在东南亚偶尔还可以看到另外一种人工培育的山竹，它们比普通的山竹个头要大，相对没有那么圆，根据萼片更大这个特点起名为大萼山竹。它的果肉一样是雪白的，果肉吃起来更结实一些，味道上和传统山竹略有不同，但难分伯仲，见仁见智。卖水果的一般说这个是"日本山竹"，但以日本的气候条件，可能并不容易在日本育种培育，我并没有深究品种来源，猜测其个头大可能是更好的卖点。

山竹的一个品种：大萼山竹，果肉更硬，果皮厚，和山竹口味略有不同

大萼山竹个头比较大，果实长椭圆形，萼片顶端尖而普通山竹萼片圆

亲戚

山竹属于藤黄科，藤黄属。这个属里面有一些种被俗称山竹子，因此该属也可以称呼为山竹子属，是该科的中流砥柱，数量快占据了整个科的半壁江山，主产于热带亚洲、

纽扣山竹（*Garcinia prainiana*）是另一个山竹品种

非洲等地，中国大概只有20多种。值得吃货们欢呼雀跃、奔走相告的是这个属很多果实是可以当做水果吃的，我最初知道这个消息的时候那种心情丝毫不亚于哥伦布发现新大陆。虽然绝大多数可以吃，但它们味道是以酸味为主打，可能正因如此，在东南亚有一些果实据说还有减肥功效，但我自己身轻体薄，没有敢进一步亲自验证。

中国产的岭南山竹子（G.oblongifolia）

山竹家族有的也会很大，比如酸黄果（G.atroviridis）

山竹的兄弟姐妹众多，这个红山竹其实是山凤果（G.hombroniana）

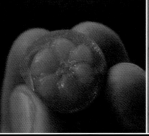

山竹的兄弟姐妹里面有的很迷你，比如樱桃山竹（G.nitida）

中国产的木竹子（G.multiflora），经霜以后更加酸甜可口

菲岛福木（*Garcinia subelliptica*）

1. 酸黄果的花

2. 酸黄果的嫩叶红色可以直接食用，味道酸甜微涩

3. 酸黄果一般直接吃太酸，东南亚做菜使用较多

4. 东南亚一种绿化植物垂枝藤黄（G.cymosa）果实味道也不错，种子纹路像工艺品

5. 垂枝藤黄的花是这个属里面少有的3瓣

6. 凹脉藤黄（G.griffithii）的果实

7. 棱果藤黄（G.gummi-gutta）的果有深

凹的沟

8. 棱果藤黄的果实成熟后偏红色

9. 长柱藤黄（G.macrophylla）花柱比较长，花很繁密，叶较大

10. 山凤果的果肉像橘子，味道也像

11. 山竹对生的暗红色新叶

12. 山竹花期花很繁密

13. 山竹盛开的花和嫩果

14. 山竹的花瓣为4瓣，两两对生

15. 山竹的萼片也是两两对生，一共4枚，两大两小

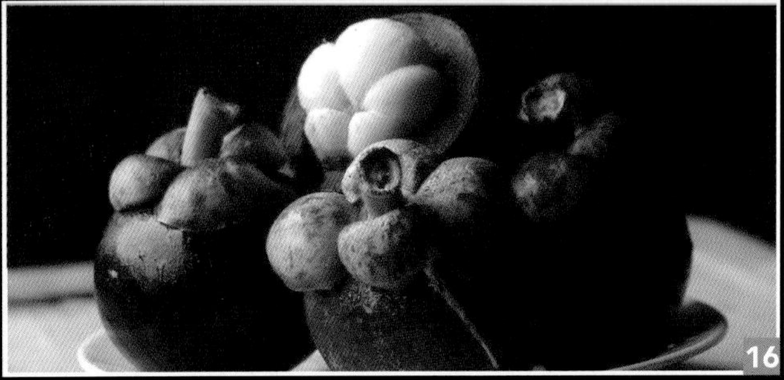
16

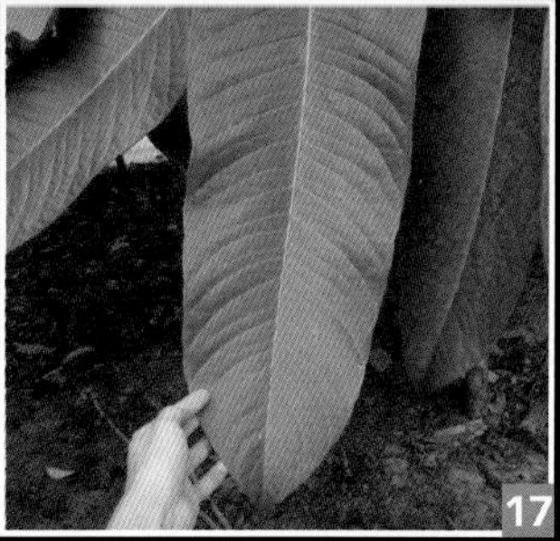
17

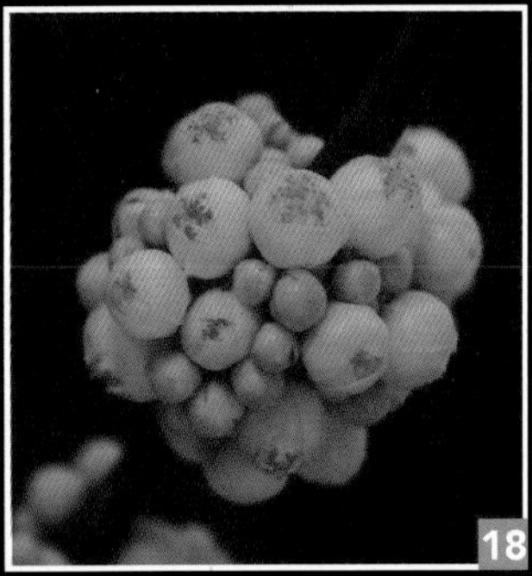
18

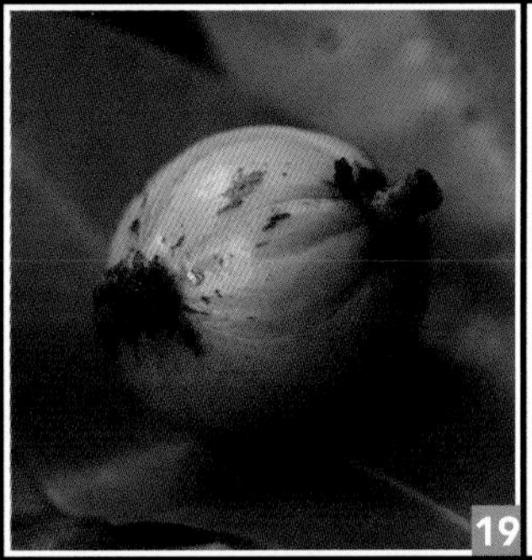
19

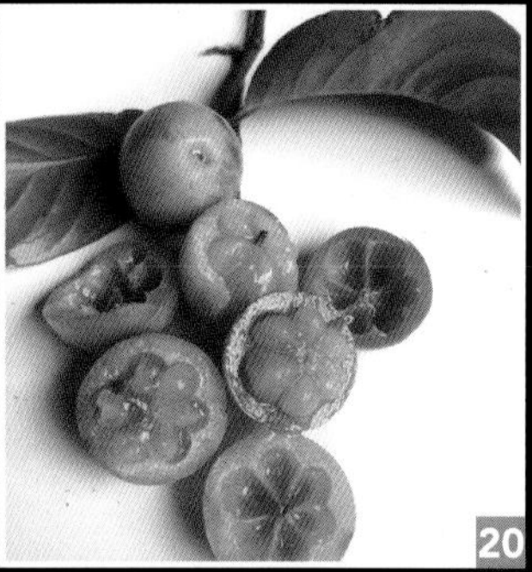
20

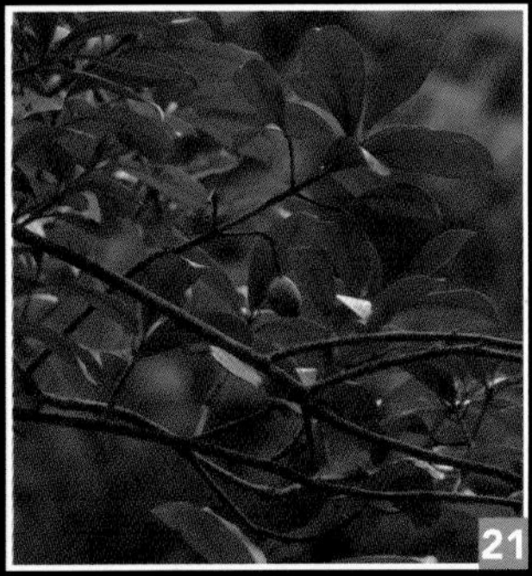
21

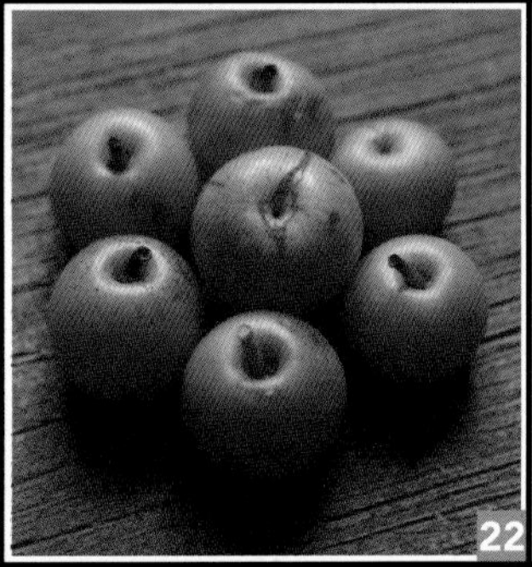
22

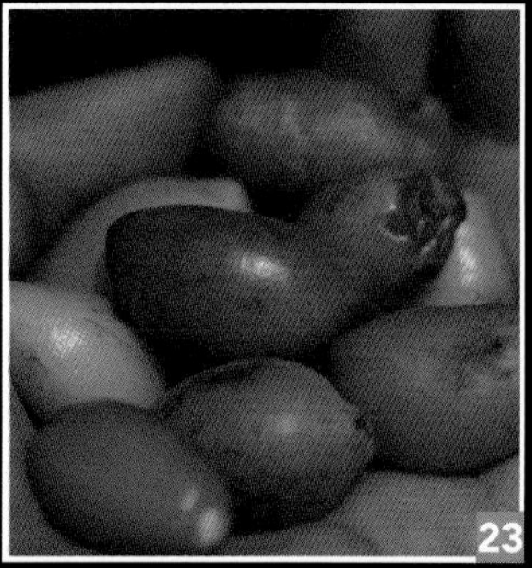
23

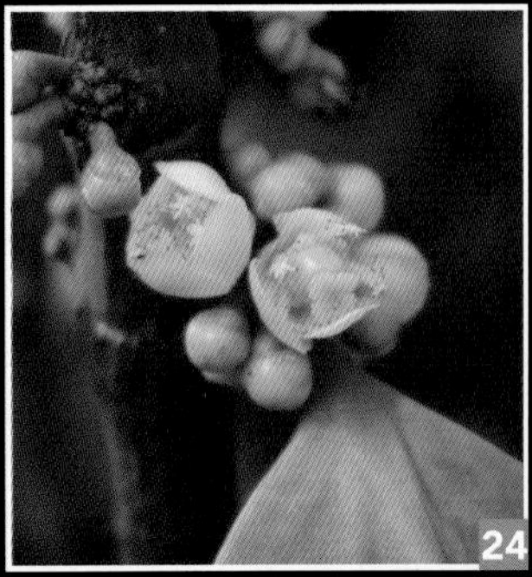
24

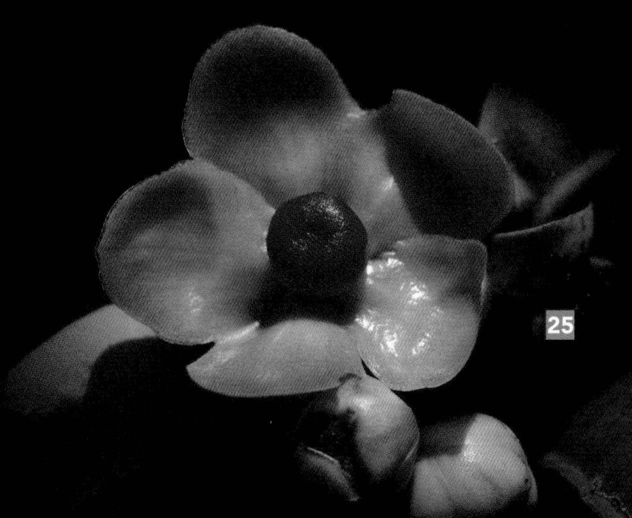
25

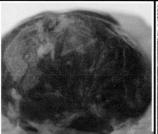

16. 新鲜的山竹味道甜美，冷藏后更佳

17. 显脉藤黄（*G.nervosa*）的叶很大，脉络较明显

18. 显脉藤黄的花

19. 喙果藤黄（*G.nigrolineata*）的果通常长得不均匀，往一边歪，像鸟喙

20. 樱桃山竹

21. 岭南山竹子的果

22. 小花藤黄（*G.parviflora*）的果像迷你小苹果

23. 拇指藤黄（*G.schomburgkiana*）的果实像弯弯的拇指

24. 南方比较常见的福木（*G.subelliptica*）花通常单性，偶尔可以看到两性花

25. 纽扣山竹（*G.prainiana*）的花

26. 福木的果实成熟后黄色，中间有很大一枚种子

27. 福木的果实味道有股幽幽的臭味，但吃起来还不错

28. 大叶藤黄（*G.xanthochymus*）的植株和山竹很接近，叶子更长一些

29. 大叶藤黄的嫩果渐渐就长歪了

30. 成熟以后大叶藤黄果实黄色，也叫歪头果

31. 大叶藤黄和山凤果

32. 大叶藤黄的花的解剖图

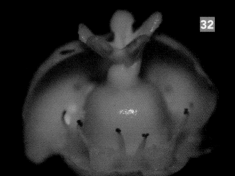

金马伦高原的甜瓜

甜瓜

30 蜜汁诱惑

● **甜瓜小档案**

科属	葫芦科 黄瓜属
拉丁学名	*Cucumis melo*
水果辨识	蔓生草质藤本，果圆球形或椭球形，果香味浓郁
地理分布	世界温带至热带地区广泛栽培
常见度	☆☆☆☆☆
推荐度	☆☆☆☆☆

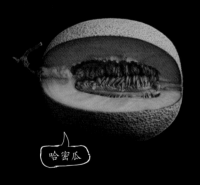

哈密瓜

渊源

甜瓜也叫香瓜、蜜瓜，人类对甜瓜的栽培历史可以追溯到4000多年前的波斯和非洲，中国《诗经》等古籍中也可以找到其影子。本种的自然变种比较多，栽培的品种更多，园艺上可以分出来很多个品系，最常见的比

白兰瓜

金马伦高原产的一个哈密瓜品种

东南亚的老黄瓜（*Cucumis sativus*）

如白兰瓜、哈密瓜、香瓜等。甜瓜是葫芦科黄瓜属中的一员主力。另外一员主力就是黄瓜（*Cucumis sativus*），黄瓜和甜瓜是"亲兄弟"，这个属在全世界只有大概50种原生种，但是品种却非常多。它们大部分都原产自非洲，还有一部分产自热带亚洲、澳大利亚等地。

看上去像甜瓜，吃起来是黄瓜味儿

马泡瓜的花和甜瓜的很像

马泡儿

　　甜瓜有一个变种叫马泡瓜，小时候都称之为马泡儿，是田间杂草，玉米地里面比较多，一般玉米比较容易管理，在长到一定高度，植株以后就不再除草，马泡瓜就利用这短暂的时间快速生长开花结果，等到玉米穗儿掰完要收割玉米秸秆的时候就会看到秸秆上挂了不少的马泡瓜，那时候总喜欢把它们当成宝贝摘几个放在口袋里，要挑黄的那种，一般越黄越成熟，味道越香，吃起来其实没有太大的甜味，甚至有时候会苦苦的，所以也老不记得吃，这些果子的最终下场往往是在口袋里越来越软，最后不小心被挤爆了，烂在口袋里。

马泡瓜（*Cucumis melo var. agrestis*）常被作为杂草被除掉，小时候总是替它们求情

马泡瓜放在手里香喷喷的，偷偷放在裤兜里满世界奔跑

东南亚

在东南亚甜瓜种植得相对少一些，通常在一些海拔高一点的地方才有，比如马来西亚比较出名的避暑胜地，金马伦高原。在平地种植比较多的主要是甜瓜的"表亲"——西瓜。

金马伦种植了好几种甜瓜

西瓜（*Citrullus lanatus*）在炎热的东南亚更受欢迎，西瓜和甜瓜只是"表兄弟"

金马伦高原引进的外来的部分水果合影，甜瓜占了多数

东南亚水果猎人——不乖书生与水果的热恋之旅·初识

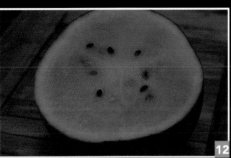

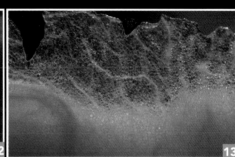

1. 新加坡花盆里面种植的网纹瓜

2. 金马伦高原种植的甜瓜少量内销外，其它都运输到了周边城市

3. 甜瓜的种子

4. 刺角瓜外形奇特，加上精美包装，售价可以很高

5. 其实中国已经成功引种种植刺角瓜，它的味道跟黄瓜差不多，请认准这个暴露身分的"奔驰"标志，留意观索，瓜身上也能看到不少

6. 黄瓜（*Cucumis sativus*）的叶子和花

7. 东南亚市场上可以看到一种酷似黄瓜的果实其实是红瓜（*Coccinia grandis*）的嫩果

8. 红瓜嫩果吃起来和黄瓜很接近，因此被误称为小黄瓜

9. 刺角瓜（*Cucumis metuliferus*）原产自非洲，也叫非洲黄瓜、刺角黄瓜、非洲角瓜

10. 红瓜的嫩果横截面

11. 东马产的"黑美人"西瓜

12. 东南亚人有时候更喜欢吃黄肉西瓜，这种瓜味道更甜

13. 阳光下的黄西瓜

14. 红瓜成熟以后就是通红的，果肉反而变得没有那么好吃了

弹籽瓜的花

弹籽瓜

● 弹籽瓜小档案

扫一扫

科属	葫芦科 小雀瓜属
拉丁学名	*Cyclanthera brachystachya*
水果辨识	攀援草本植物，果表面有较粗的软刺，成熟会炸开，瞬间把不规则片状种子弹飞
地理分布	原产热带美洲，被作为果蔬植物引种后逸生
常见度	☆☆☆
推荐度	☆☆☆☆☆

弹籽瓜的果

爆炸

　　我认识这种植物时间不长，那次在印度尼西亚棉兰岛南部爬火山吃榴莲，却不经意间撞见了这种植物。我先是找了一颗绿色的嫩果拍了半天，后来顺藤摸瓜，

弹籽瓜的嫩果发绿

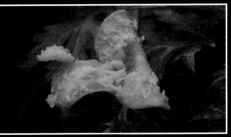

弹籽瓜的老果有些透黄

弹籽瓜的果炸开以后剩余的果皮

找到了比较老一点的果实，有些透黄，就忍不住凑近去看一下老了以后刺会不会变硬一些，没想到刚碰到这个果子，它就瞬间炸开了，黑色的片状种子瞬间弹到我的镜片儿上，爆发力还很强，让人完全反应不过来，后来试着用手机录一下却发现手机摄像头不够快，捕捉不了这个瞬间，可见炸开速度之快，现在想起来还有点后怕，忍不住向上推了推鼻梁上的眼镜儿。

果蔬

作为果蔬植物引种后逸生

后来从当地人那里得知，这种葫芦科的植物是可以吃的，嫩叶和嫩芽可以做菜，嫩果可以直接吃，有黄瓜和甜椒的味道，水分很充足。果实老了以后，没有及时采摘就会在植株上自己炸开，把种子传播出去。就算采摘及时，也会发现里面的种子已经变硬而不能吃了，只剩下果皮，水分也比嫩果少很多。因为这种独特的传播方式和强大的生命力，弹籽瓜已经在这个岛屿上四处逸生：农田，路边，悬崖，草丛，到处都是。于是，我摘了几个果实拿回酒店，用盒子装好准备带回去。

种子

第二天早上，太阳升起，金色的阳光普照大地，不远处的火山在阳光的照射下也显得特别庄严。我拿着昨天放着果实的宝盒，光着脚丫子从屋内走到走廊的椅子上，伸个懒腰对着火山深深打了个哈欠，然后回头坐下，小心翼翼把盒子里面的宝贝们拿出来一边欣赏一边准备拍照，毕竟要有阳光拍照才好看。盒子里，有三个比较成熟的果实已经炸开了，

因为盒子是密封的，种子只好憋屈在盒子里，还好没把盒子给炸坏，还有几个嫩一点的果子并没有裂开，可以直接放在嘴里当早餐吃掉。想想自己从遥远的中国北方某个小村子走出来，一直走到印度尼西亚某个小岛的小火山脚下的这个小酒店，吃到从美洲远道而来的小果子。生命就像弹籽瓜，是多么神奇而充满趣味，一切都在悄无声息地发生，一旦发生了，就是永恒。

弹籽瓜的种子很薄，把种子平铺排在白纸上，像极了一堆拼图，又像一堆自然密码，等着人们来解读其中的奥秘，大自然像一位极其有智慧的老人，把所有的信息通过生命呈现的方式活生生地摆在我们眼前，我们需要的只是用心灵和兴趣来做引导，用科学的方法来帮助观察和总结，即使这样，人类对于达到完全认知大自然奥秘的层次还真只是皮毛中的皮毛。

种子很薄，像拼图的形状

1. 不要把弹籽瓜放在车里面，防止它因为受热成熟"爆炸"
2. 弹籽瓜在原产地也有椭圆形的，并不都是这种弯曲的
3. 弹籽瓜的花序

32 老鼠拉冬瓜

美洲马㼛儿

美洲马㼛儿雌花

● 美洲马㼛儿小档案

科属 | 葫芦科 美洲马㼛儿属

拉丁学名 | *Melothria pendula*

水果辨识 | 草质藤本，果较小，果柄较长，像小冬瓜

地理分布 | 原产美洲，现在亚洲部分热带、亚热带地区有分布

常见度 | ☆☆☆☆

推荐度 | ☆☆☆☆☆

美洲马㼛儿的果

名字

　　美洲马㼛儿这个名字不是很好记，台湾叫做垂果瓜，它还有个更好玩一点的俗名叫"老鼠拉冬瓜"，当然这个俗名并不特指美洲马㼛儿这一个种，它可以用来叫那些果实个头比较小，果柄又比较细长的葫芦科植物，像茅瓜、纽子瓜、木鳖子、马㼛儿都可以这么叫，不是专门的植物分

美洲马㼛儿果柄纤细且长

类学家的话，把这一形态类似的果实直接统称为"老鼠拉冬瓜"并没什么毛病。作为吃货记住它们好不好吃最重要，好吃自然会记住名字。

美洲马䥁儿和其他很多"老鼠拉冬瓜"一样通常都被当成杂草忽略

大树龟裂的树皮方便它们攀爬，更关键的是除草机想除掉它们不容易

吃瓜

　　"老鼠拉冬瓜"在国内南方城市比较常见些，这个大老远跑过来的美洲"老鼠拉冬瓜"非常适合马来半岛的气候，在大树根底下、篱笆墙上、路边灌丛中经常看到它们在那儿肆意生长。有一阵子在邻居家的几近荒废的篱笆墙上也见到不少，可能是鸟儿路过顺便给播了种，也没人管收成，每次早上跑步回来，我就顺便摘几颗回去洗洗拌沙拉吃。和"国内的老鼠拉冬瓜"一样，"美洲老鼠拉冬瓜"也要找翠绿色的吃，果实成熟变黑以后就没那么好吃了，吃的时候跟嗑瓜子似的，黄瓜味儿，嘎嘣脆，吃完后幸福指数直线飙升！

果实要挑绿的饱满的，成熟了反而不好吃

很快就可以摘一小把

兄弟

美洲马㲚儿来自葫芦科，美洲马㲚儿属，这个属也可以叫番马㲚儿属，带"番"字一般指从外国引进的非原产的，比如番龙眼、番石榴、番荔枝、番茄、番木瓜等。这个属在全世界大概有12个种，很多果实在嫩的时候可以作为水果直接生吃。有一种拇指大小的拇指西瓜（M.scabra）曾经红遍网络，就是来自于这个属，其实整个葫芦科长得像西瓜的又何止这一种。

吐槽

葫芦科很多植物名字中都有"瓜"这个字，所以葫芦科也俗称为瓜科，全世界大概有100多个属，将近1000种，中国有大概100多种。葫芦科多喜暖，主要分布在热带、亚热带地区。北方栽培基本上是一年生的物种，温室的普遍应用打破了这个限制，所以现在一年四季都可以看到黄瓜。这一家子虽然基本上都是藤本，但可以说是人类食谱尤其是水果蔬菜这个区域中的砥柱中流。人类对于葫芦科植物的需求真是全方位的：人类做菜的时候，需要有南瓜、冬瓜、丝瓜这样可以进得了菜锅的，吃完饭还要有西瓜、甜瓜、哈密瓜这样进得了果盘的，吃饱喝足了跟家人朋友唠嗑谈心，还得有打瓜那样把"籽儿"贡献出来让人嗑的，瓜子吃多了，口渴了，还要有罗汉果这样可以泡水让人喝了感到甜甜的，喝完水带娃看电视，葫芦还得"跳进"电视机，表演七个神奇小娃娃吊打蛇精、蝎子精。葫芦科为了人类的生活也是操碎了心。

罗汉果（Siraitia grosvenorii）是老鼠拉冬瓜的"远房大表亲"

1. 美洲马㼎儿果实剖面

2. 美洲马㼎儿果实横剖面细看和黄瓜还是有区别的

3. 美洲马㼎儿雄花、雌花和逐渐成熟的果实

4. 罗汉果内部种子排列

5. 美洲马㼎儿的雄花，花后面没有小瓜胎，开谢就会脱落

了解更多

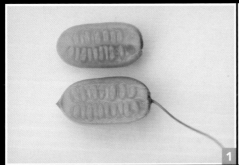

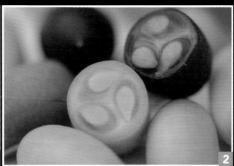

木鳖果的花

木鳖果

33
刺果苦瓜

● **木鳖果小档案**

科属	葫芦科 苦瓜属
拉丁学名	*Momordica cochinchinensis*
水果辨识	粗壮大藤本，果大且表面密生刺状突起，成熟时橙红色
地理分布	从中国南部到南亚再一直贯穿东南亚最后到达澳大利亚东北部
常见度	☆☆☆
推荐度	☆☆☆☆☆

木鳖果的果实

偶遇

快要成熟的木鳖果

在东南亚野外一些林子边上偶尔会看到挂在树上的木鳖果，身边有当地土著跟着的话他们就会帮忙爬树摘下来。有一次，我在路边看到一棵树上挂了一个木鳖果，成熟度不错，刚刚好，指给土著向导，他三两下就上去摘了下来。那次只是常规的拍照记

录当地植被状况，身上没有带任何工具，不舍得摔开破坏里面的构造，就用手指甲一点点挖个大洞，再把种子一颗颗掏出来吃。刚在果皮上挖穿一个小洞的时候，看到的只是一点红，当把里面将近一半的种子都暴露出来的时候简直惊呆了，木鳖果的种子一层层像舌头一样，交叉排列在一起，吃的时候总感觉是在从果实里面拔舌头，最后还弄得满手血红色，跟聊斋里面吃完人心脏的鬼怪一样。

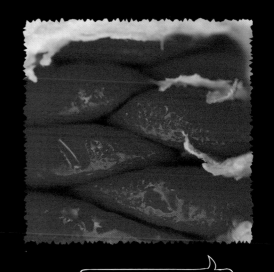

木鳖果竟然有如此妖艳的内心

品尝

当然，吃东西的时候，舌头和嘴巴才不会替大脑思考那么多的，当舌头轻轻触碰到木鳖子红瓤的时候，一股青涩和未知的芬芳从柔滑的果肉瞬间传递到全身，像初吻那迷人的舌尖，温软而湿润，妙不可言，这种感觉是多久没有过了。"唉，单身狗的日子混久了，吃个木鳖果都能这么陶醉"，自嘲一句之后还是要接着探究的。总的来看木鳖果的果肉其实很薄，种子很大，扁平状。

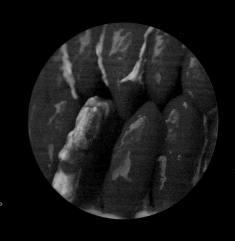

木鳖果薄薄的一层果肉，种子扁平，入药叫木鳖子

出身

很多人也许并不熟悉木鳖果，但其实木鳖果和苦瓜的亲缘关系非常近，是苦瓜的"亲兄妹"，常见的苦瓜自然成熟后也会发红，但发红以后用作蔬菜口感就很软，没那么好吃了，所以一般菜市场常见的苦瓜是绿色的。木鳖

苦瓜（*Momordica charantia*）成熟以前就要采摘作为蔬菜销售

自然成熟的苦瓜是橙红色的

苦瓜成熟以后种子外面也有一层可以食用的红衣，和木鳖果的很像，足见其关系之亲近

苦瓜成熟后里面果肉也是偏橙色，苦味没有那么重

菜市场看到的苦瓜一般是未成熟的

果其实就是一种长了满身刺的圆苦瓜。葫芦科苦瓜属全世界大概只有45种原生种，大多数分布在热带非洲，其中苦瓜的食用价值比较高，被世界热带地区广泛引种栽培，中国和东南亚有10种左右。

苦瓜的一个品种，果实比较小

苦瓜的一个皮刺比较明显的品种，跟癞葡萄很像，但比较长

苦瓜的一个品种，可能是白玉苦瓜，果实成熟前为白色

如果你去到云南猎寻木鳖果，却发现了一种和它差不多的葫芦科藤本植物，果实也差不多大小，只是没有刺，略呈扁球形，这个时候要注意了，千万不要错过，因为极有可能遇到的是有"东方巴西坚果"之称的油渣果。

油渣果的食用部分是种子，含油量很高。果实比较硬，要用石头砸开，里面有6枚整齐排列的种子，挖出后用小石头砸裂，剥皮后掰一小块儿放在嘴里，还没嚼，油脂就在嘴上沿着舌头慢慢流开，一股油脂的芳香会从沁入鼻腔。忍不住嚼上一口的话，口感像极了小时候吃到的猪油渣！到云南吃到木鳖果容易，吃到油渣果很难！

东南亚水果猎人——不乖书生与水果的热恋之旅·初识

油渣果（*Hodgsonia macrocarpa*）个头和木鳖果差不多，但表皮光滑，有西瓜一样的纹路

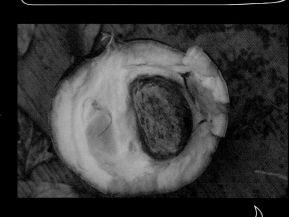

油渣果果实略硬，需要砸开

油渣果种子可以作为坚果食用，图中左边偏白色的才是正常颜色，发黑的部分表明果肉开始变质

1. 木鳖果的嫩果在苞片的保护下逐渐长大

2. 木鳖果成熟以前果实以绿色为主

3. 接近成熟的时候开始变橙色

4. 九成熟的木鳖果果肉已经变成深红色

5. 和其他瓜一样，苦瓜也会长成歪瓜

6. 歪瓜里面的种子通常不对称发育

7. 苦瓜的花

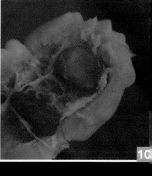

8. 苦瓜的种子表面有图案

9. 白玉苦瓜成熟以后也是变为橙黄色

10. 白玉苦瓜果肉

11. 苦瓜的一个品种：赖葡萄，成熟后也会自然裂开，露出糖衣包裹，吸引对颜色比较敏感的鸟类来啄食并传播种子

12. 木鳖和苦瓜的又一个"亲兄弟"云南木鳖果（*Momordica dioica*），通常用来做蔬菜食用

13. 婆罗洲见到的一种苦瓜属（*Momordica* sp.）植物，果实有很长的刺

14. 作为观赏植物栽培的条状苦瓜（*Momordica rostrata*）的花

34 入水尤物

荸荠

荸荠比较扁，也叫马蹄

● **荸荠小档案**

科属 莎草科 荸荠属

拉丁学名 *Eleocharis dulcis*

水果辨识 水生草本植物，地下有膨大的块茎。

地理分布 原产地不明，可能是印度，现已经世界各地广泛栽培。

常见度 ☆☆☆☆☆

推荐度 ☆☆☆☆☆

去皮的荸荠

意义

　　荸荠也叫马蹄，它并不是严格意义上的水果，因为吃的部位并不是果实而是地下球茎，但我仍然愿意把它作为水果介绍，一个原因是它在生活中比较常见，最重要的是吃起来还不错，还有一个原因是它的出现打破了我认知中莎草科在水果领域的空白。

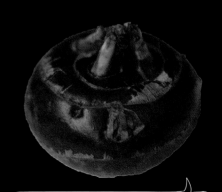

食用部分其实是块茎，并不是真正的果。块茎上面有芽眼，芽从中抽出，下面会长根固定和吸收营养

薄皮白肉

如果生吃，一定要把芽眼和皮去干净

食用

　　无论是国内还是东南亚，这种好吃的水果在水果市场并不难找到，买一小袋子回家，把皮削掉，露出白白的果肉，放在碗里面加水和冰块静置一会儿，吃的时候口感冰爽甜脆，虽没有甘蔗那么甜，却没有那么多的纤维，用牙齿把果肉压出汁的感觉特别棒。

姜片虫

　　荸荠果肉中的纤维可以帮助我们清理肠道，但荸荠植株生长在水中，水里常有一种可以寄生在人肠道里面的虫子叫姜片虫，姜片虫可能会在膨大的块茎上面产卵，如果要生吃荸荠的话，需要注意的是一定要把芽眼和外皮彻底清除干净，不然就得不偿失了。

熟食

　　煮熟的话就不用担心这么多了，广东有一种小吃叫马蹄糕就是用荸荠的淀粉做的，东南亚也有一款比较常喝的饮料叫马蹄水，通常是拿甘蔗和荸荠一起熬煮出来的，当地人说有清热去火，健脾消食的功效，我一般喝这种饮料来补充体内的糖分。

了解更多

1. 白嫩的荸荠果肉
2. 小圆圈的部分就是芽眼
3. 荸荠的块茎截面

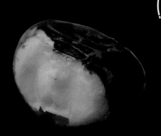

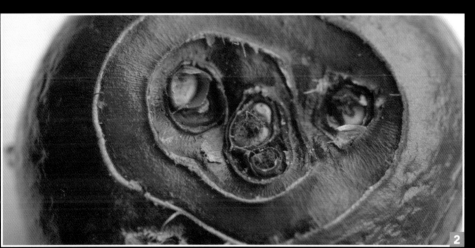

菲律宾五桠果的花

35
果中青玉
菲律宾五桠果

● **菲律宾五桠果小档案**

科属 | 五桠果科 五桠果属

拉丁学名 | *Dillenia philippinensis*

水果辨识 | 小乔木，花瓣白色，果实椭球形，青绿色

地理分布 | 原产菲律宾，现作为优良绿化树种被热带地区引种

常见度 | ☆☆☆

推荐度 | ☆☆☆☆☆

新书生和你聊故事
扫一扫

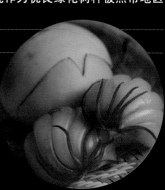

菲律宾五桠果的果

印象

  在遇到菲律宾五桠果之前，只要提起来五桠果属，我的印象就是甲乙丙丁一大堆果实，有的可以吃，有的不能吃，总之就是没有一款可以上餐桌入席面儿的。虽然它们大多数都长得像个鸡蛋形，但却没有什么大用。我在国内吃过一次大花五桠果，果实掰

大花五桠果（*D.turbinata*）的花

星果木（*D.suffrutico-sa*）的果实看着很好吃，其实不宜食用

开里面一堆无色透明液体，虽然甜甜的，但是酷似鼻涕的外观让人还是不忍再试。五桠果就更别提了，个头不小，砸脑袋上分分钟起个疙瘩，就是打不开，很硬，费了九牛二虎之力打开了发现里面都烂掉了，让人产生不了好的感受。在东南亚，菲律宾五桠果有一个"亲兄弟"叫星果木，很常见，果实裂开后非常馋人。最开始的时候还觉得这个属其他种很多可以吃，这个果实鸟儿很喜欢吃，人吃了应该问题也不大，就扒开了几个。发现果肉也很漂亮，那个美啊，于是，叫上朋友们一起试吃，结果几个人嗓子麻了1个小时才消退。实践证明"鸟儿能吃，人就能吃"是个缺乏依据的谣言。我也再也不敢随便去吃五桠果属的果子了。

五桠果（*D.indica*）果实很硬而且很大

星果木果实还没来得及炸开之前强行掰开果实试吃，结果有毒扎舌头，嗓子不舒服

办证

　　这种情况一直延续到有一天突然猎寻到菲律宾五桠果。这种水果比较容易成为网红，新加坡刚好引进过来作为行道树大量使用，路边就掉落很多，不知味道会不会刷新我对这个属的新认知？在新加坡，即便是路边的水果树掉下来的果实也最好不要随便捡，一不小心就会被路人拍照投诉，被警察罚款，被不明真相的吃瓜群众说三道四。为了避免这些不必要的麻烦，我专门申请了一个新加坡研究植物的许可证，在出门做植物研究的时候随身带着避嫌。

路边的菲律宾五桠果结果很多

解剖

　　有了证件，我才敢安心做事，从路边行道树下捡几个状态比较好的果子就可以开始解剖了。它的几片宿存的萼片变成了果皮，紧紧包围住中间的果肉，果皮很容易就可以剥开，并不需要像五桠果那样费尽吃奶的力气还打不开。剥去几片果皮后展现在眼前的是一件精美的艺术品。果肉螺旋着叠在一起，包裹着中间的红色柱头，像

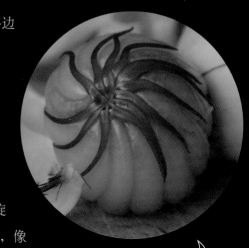

菲律宾五桠果掰开以后画风鲜明

漫画中带着一群红色天线飞过来的外星飞船，也像一条红色的八爪鱼爬在一块青绿色的玉石上。

品尝

我毫不犹豫地撕开一小片放入嘴中，刚入口味道会觉得有点酸，但稍微等待几秒，就会因为适应而渐渐习惯，整体感觉是酸酸甜甜的，颜色和味道都像极了猕猴桃，不了解情况的人还真可能以为这是猕猴桃跟五桠果杂交之后形成的果实。把果肉横着切片会发现每片的图案像橘子的结构，闭着眼让人吃了之后猜，肯定有人说是猕猴桃或者橘子，但是看起来又差异很大，菲律宾五桠果也彻底刷新了我对这个属的认知和感受。

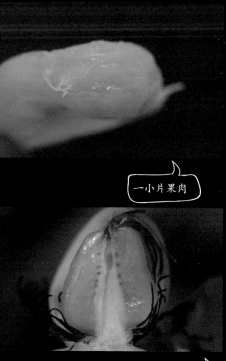

一小片果肉

像猕猴桃、橘子、五桠果的混合体

这样看还真像猕猴桃

家族

　　菲律宾五桠果所在的五桠果属全世界大概有60种左右，中国只有3种，东南亚是非常重要的分布中心，有的种长得比较像桃子，再加上音译，有的地区五桠果也被称为第伦桃，种质资源很丰富，果实味道以酸味为主，未来作为水果开发果酒、果醋的潜力很大。

星果木的花大而鲜艳，适合用作园林绿化

紫萼五桠果

树上的五桠果像桃子
因此也被音译为第伦桃

东南亚水果猎人——不乖书生与水果的热恋之旅·初识

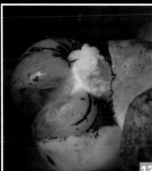

1. 厚叶黄花树的果和星果木的很像，成熟后开裂，图中是果肉已经被吃完的状态

2. 厚叶黄花树（*D.alata*）的花

3. 紫萼五桠果（*D.excelsa*）的萼片为紫色

4. 紫萼五桠果的星状"托盘"为白色

5. 五桠果的花五瓣，易脱落

6. 五桠果这时候看到的五瓣其实是花瓣脱落后剩下的5枚萼片

7. 五桠果通常掉落在地上，不容易吃也不好吃，没人去捡

8. 五桠果的花柱很漂亮，像一朵花

9. 大叶五桠果（*D.ingens*）的果实像小苹果

10. 大叶五桠果的叶子比较宽大

11. 卵叶五桠果（*D.ovata*）果实中等大小

12. 卵叶五桠果的果肉透明，也有黏液，像大花五桠果

13. 可上餐盘的菲律宾五桠果

14. 菲律宾五桠果开花时的柱头，风姿绰约

15

16

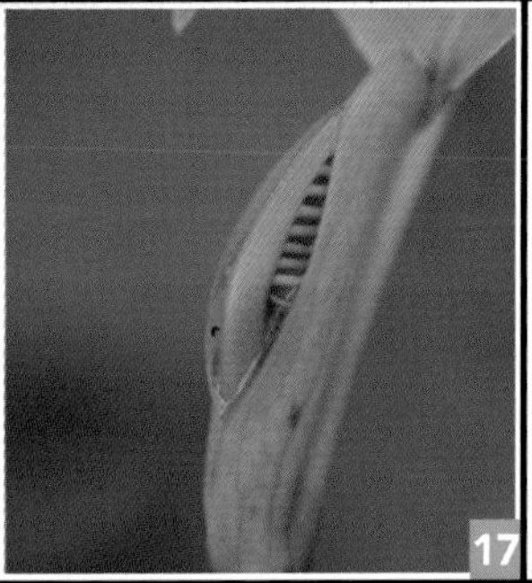

17

18

19

20

21

22

23

15. 花瓣脱落，五枚厚厚的花萼开始收拢密封来保护种子的安全发育

16. 菲律宾五桠果肉如青玉

17. 菲律宾五桠果新叶是从老叶叶柄处特化出来的托叶中抽出的

18. 菲律宾五桠果老叶叶柄托叶脱落后有托叶痕

19. 角架五桠果（D.reticulata）根比较奇特，像角架，在热带雨林里面很容易辨认

20. 凹脉五桠果（D.retusa）的花

21. 星果木在东南亚非常多，喜欢潮湿的环境

22. 星果木的果实虽不能吃，但新萌发的叶子可用来包米饭，新叶子的抽出方式也很特别

23. 星果木的花

24. 反折五桠果（D.serrata）成熟以后萼片会反折，果肉酸甜

25. 大花五桠果（D.turbinata）含苞待放的花蕾

26. 大花五桠果的花依然保留了五桠果科的迷人气质

27. 大花五桠果嫩叶通常为红色

28. 一种五桠果属（Dillenia sp.）植物的"果盘"

29. 星果木被鸟类洗劫一空的"果盘"

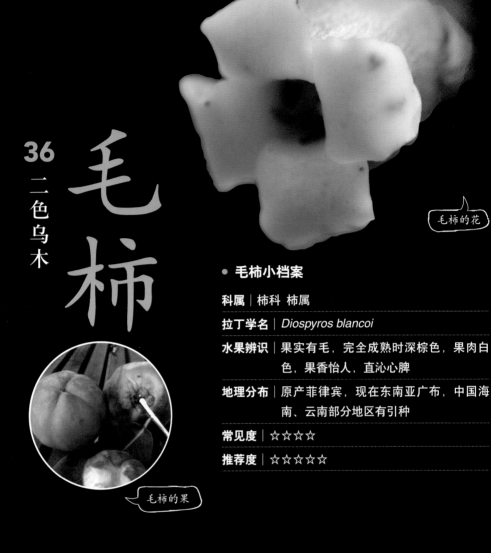

毛柿的花

36 二色乌木
毛柿

毛柿的果

- **毛柿小档案**

科属	柿科 柿属
拉丁学名	*Diospyros blancoi*
水果辨识	果实有毛，完全成熟时深棕色，果肉白色，果香怡人，直沁心脾
地理分布	原产菲律宾，现在东南亚广布，中国海南、云南部分地区有引种
常见度	☆☆☆☆
推荐度	☆☆☆☆☆

偏见

来到东南亚热带国家以前，我对柿科的水果是有偏见的，主要原因是北方的柿科植物相对比较少，最常吃的是软枣和柿子，软枣其实是君迁子在家乡的俗称，个头比较小，像枣儿似的，又比较软，买到的时候都是黑色的，上次接触

君迁子（*D.lotus*）花比较小

邻居家硕果累累的柿树（D.kaki）

还是几年前有次回家乡，像孩子一样兴奋地光着脚丫在山上来回跑着找软枣那时候了。

　　记忆中的柿子是清凉冰爽的。因为在北方庭院里，到了秋季柿子树叶才会被风扫完，只剩下橙黄色的柿子挂满枝头，不小心成了装扮农家院很靓丽的一道风景线。自然也成了我们这群孩子们觊觎的目标，柿子经过秋霜的洗礼后会更加的甜。现在老家院子里还种了一棵早熟的品种，皮很薄，成熟以后直接咬破一个小口，闭上眼睛一吸溜，果肉就都跑到嘴里去了。到了热带地区后，我很少吃柿子了，超市里有从韩国进口的冻柿子，口感比较脆，刚开始我还不敢吃，印象中柿子不软不能吃，后来大胆试了一下，果然不像家乡的硬柿子吃起来那么生涩。这种冻柿子虽然外形和家乡的差别不大，可我总觉得少了些家乡的味道，柿子也就暂时从我的水果清单中消退了，很长时间都不再尝试。

老家院子里种的柿子，比较早熟，而且非常甜，总被鸟啄，家人也不会刻意驱赶阻碍，而是顺其自然

新加坡有种进口的柿子，吃的时候很硬，像被冻过一样，因此也叫"冻柿子"

直到吃到了"冻柿子"这个品种，我才知道原来柿子还可以切成块儿吃

新加坡超市偶尔看到的一种软柿子，也很甜，但就是觉得没家乡的好吃

保育起来的登嘉楼柿（*D.trengganuensis*）

新知

　　可能正是因为这种主观情绪的抵触，我对热带柿属植物的研究并没有太放在心上，总觉得是个很小的类群，后来在新加坡植物园竟然看到专门的柿属植物保育区，而且东南亚本土水果市场总有卖柿子的，再到后来还碰到一些鉴定不出来的野生柿属植物，看来东南亚的柿子们没有那么简单，我也终于决定放下自己的偏见，好好挖一下这个属植物的料了。一挖不要紧，仿佛打开了一扇通往神奇世界的窗户，

比较少见的火焰柿（*Diospyros pyrrho-carpa*）花序比较特别

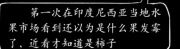

第一次在印度尼西亚当地水果市场看到还以为是什么果发霉了，近看才知道是柿子

柿属一些种的花果直接长在树干上，典型的雨林老茎生花现象

野柿

柿属植物在热带地区的分布大大超出想象，全世界有将近500种原生种，主要分布于全球热带地区，中国最常见的一种就是柿子（*D.kaki*）本种，该种栽培历史悠久，品种繁多，从温带一直到热带都可以看到它的身影，在印度尼西亚以及东马有时候可以看

印度尼西亚看到的一种表面披着白霜的柿子，口感脆甜

到一种有很多白霜的柿子，果肉也是脆的，看形态估计还是柿子的一个热带品种。

毛柿

在东南亚除了柿子之外，最常见的就要数毛柿了。柿属都是灌木或者乔木，木材多为深色系，所以部分柿属植物的木材通常被称为乌木，因此毛柿也有毛果乌木的别称。又因为果实成熟度不同果皮会出现2~3种颜色的变化，所以毛柿还有异色柿，二色柿等名字。毛柿是一种很奇葩但很有内涵的水

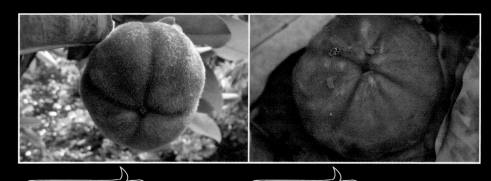

毛柿果成熟以前棕绿色　　　　　　　成熟以后变成棕红色

毛柿红了

果，吃起来口感很特别，果肉虽然只是简单的白色，但味道上的层次却丰富得超乎想象，吃起来像混合了山竹、草莓、兰香草的冰激凌，还略有一点黏牙，吃之前要记得把皮去掉，洗干净，不然吃起来很容易会被残留的柿毛给扎到，影响体验。需要强调一句的是，水果中的毛柿和植物分类中的毛柿（*D.strigosa*）是两个完全不同的种，后者茎和叶片上多毛，果实个头很小。

毛柿果肉是白色的

1

2

3

4

5

6

7

1. 网孔柿（*D.areolata*）的花，并不是每种柿的花都顶一个"大锅盖"

2. 网孔柿成熟果实表面有网孔

3. 生油柿（*D.argentea*）的嫩叶散发出一股土豪金的气质

4. 生油柿的花

5. 毛柿（*D.blancoi*）的种子

6. 黄杨柿（*D.buxifolia*）叶子很像黄杨

7. 黄杨柿的花很小

8. 柿的花

9. 黑柿（*D.nigra*）的花苞

10. 柿子熟了皮很容易去掉

11. 过年时，北方家里喜欢买柿饼

12. 广东产的一种柿的变种：野柿（*Diospyros kaki var. silvestris*）

13. 印度乌木（*D.malabarica*）的果

14. 细柄柿（*D.tenuipes*）的叶柄很细

15. 小果柿（*D.vaccinioides*）的花果都比较小

16. 茎花柿（*D.cauliflora*）的幼果

17. 瓦柿（*D.wallichii*）的果实很密集

18. 黑柿也叫巧克力柿，颜色和口感都接近巧克力，甜度并没有巧克力那么高

19. 黑柿成熟以后外皮依旧是翠绿色的

圆果杜英的果

37 金刚菩提

圆果杜英

- **圆果杜英**

科属	杜英科 杜英属
拉丁学名	*Elaeocarpus angustifolius*
水果辨识	乔木，果实蓝色，果肉淡绿色，内果皮硬骨质，表面有沟
地理分布	中南半岛、马来西亚、苏门答腊等地区，中国产于海南、云南和广西
常见度	☆☆☆
推荐度	☆☆☆

圆果杜英的果核就是文玩中的金刚菩提

飞蛇

在雨林里面考察，时不时总会听到林子里面有什么东西从树上穿透层层树叶掉在厚厚的落叶上的声音。有一次我运气特别好，竟然一条小蛇不小心从树上掉下来，贴着头发从脑后空降到地面，那一瞬间觉得脑瓜子一阵凉，背后汗毛耸立起来进入高度警戒状态，扭头一看

金刚菩提

是条蛇，还被摔晕了，止在地上缓神，还好并不是条毒蛇，像是会随着气流滑翔的飞树蛇之类的，可能看到我比较好玩儿，一不小心没飞好，分心摔了下来，我跟这条小蛇都半天才缓过来，目送它恢复元气灰溜溜爬走之后才继续赶路。

蓝果

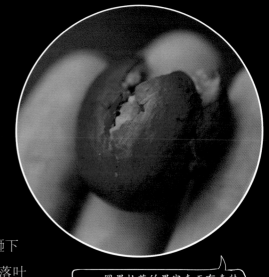

每次见到蛇总能发现一些好玩的植物，可能被惊吓之后神经会不自觉地更加敏感，更容易发现之前没有注意到的事物。走没有多远，感觉头上又被什么小东西砸到了，摸了摸头，还好头还在，便自我安慰了一句：应该感谢砸下来的不是榴莲。环顾左右，才发现落叶中间有一堆蓝色的果子，果子中间还夹杂了一些红色的细叶子，赶紧捡几个果子捧在手里观察一下。果子很圆，放在

圆果杜英的果实表面有奇特的金属蓝，南方鹤鸵（*Casuarius casuarius*）部分羽毛也是这种颜色，不知道是不是因为鹤鸵喜欢吃圆果杜英

阳光下还泛着一股金属蓝，仔细研究了一下大树，初步判断就是杜英属的。

金刚

我拿起小刀轻轻地切这蓝色的果子，很快刀就被顶住，然后左右剥开一小块儿，露出淡绿色的果肉，果肉下面掩藏着的是硬硬的果核，此刻里面一定包裹着一枚种子，它在等

八瓣的金刚菩提一粒可能都要上千元人民币

待着时机成熟，生根发芽。我只猜到会有果核，却没想到果核这么美，一点点把果肉清理干净，整个果核展露在眼前的时候，突然意识到这个小东西怎么这么眼熟，再仔细想想，啊，对，就是金刚菩提！国内一颗6瓣的就要卖到几百块，眼前这么大一堆呢，少说也有几百颗，树上还有更多……小挣扎了一下，理智战胜了本能，最后还是只带了几颗回去做进一步解剖和留念。

回去翻了资料，核对了标本，果然被我猜中，确认是金刚菩提的原料，也就是圆果杜英，果肉也试着吃了，可以吃，但并不是很好吃，有香气，也有甜味，但水分不够多，果肉也太少，还是拿来玩果核就好了。

家族

圆果杜英属于杜英科杜英属植物，该属全世界大概有360种，主要分布于亚洲、大洋洲和非洲，基本上都是乔木，有一些种类被用作优良的园林树种，美化庭院。杜英属很多植物的果实可以吃，但果肉吃起来通常是面面的感觉，并没有太多的水分，有不少种子外面包裹了一层坚硬的内果皮，有些纹路还很美，金刚菩提只是众多比较流行的文玩植物种子中的一种。

中轴杜英（*Elaeocarpus pedunculatus*）

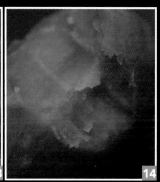

1. 中轴杜英（*Elaeocarpus peduncula-tus*）的花比较小

2. 云南特产咳地佬，也叫滇青果，其实就是金刚菩提的"亲弟兄"滇藏杜英（*Elaeocarpus braceanus*）的果实，对治疗喉咙痛有特效

3. 滇藏杜英的果核很坚硬

4. 滇藏杜英的果核也被拿来做文玩

5. 圆果杜英的"兄弟姐妹"通常以园林植物身份进入大众视线中，比如水石榕（*Elaeocarpus hainanensis*）

6. 毛果杜英（*Elaeocarpus rugosus*）也是不错的园林植物，杜英属的花长得很相似

7. 毛果杜英的果核纹路也很特别

8. 钝叶杜英（*Elaeocarpus obtusus*）的果核

9. 圆果杜英的果核圆并且饱满，方便串手串，很适合平时盘带

10. 中轴杜英的果也比较小

11. 长柄杜英（*Elaeocarpus petiolatus*）的果实和中轴杜英的比较接近

12. 锡兰杜英（*Elaeocarpus serratus*）的果

13. 成熟的锡兰杜英果实是绿色的

14. 锡兰杜英的果肉口感面面的，和其他大多数能吃的杜英属果实差不多

专 访

书生不乖

——专访东南亚植物引种保育工作者杨晓洋

（本专访出自凹凸智慧社，有删改）

杨晓洋（网名：不乖书生），原中国科学院华南植物园植物引种保育工作者，东南亚植物学者，中国自然标本馆东南亚植物中文拟名负责人。诸多头衔之下，杨晓洋说，他自己最喜欢的称号其实是：一辈子的植物爱好者。

Q 您为什么选择做与植物相关的工作？

其实，我在新加坡留学期间学的是精密制造。我是一名工程师。当年选专业的时候，我一直想报植物学，但因为家人的反对而不了了之。后来去了新加坡，看到了那么多奇妙的热带植物，渐渐觉得植物学已不能仅仅作为我的一个业余爱好了，我决定跟随自己的内心去走。

刚开始学习植物学也并不系统。在新加坡上学的时候，我一有时间就会去野外看植物，发现小小的新加坡就有4000多种植物，东南亚有3万多种植物，和整个

大花草，俗称大王花，世界上最大的花

马来西亚古晋最大的果蔬市场一隅。

中国的植物种类总数相当。我把拍摄的植物照片发回国内，大家都很感兴趣。于是我陆续创建了"植物达人"百度知道团队，"书生植物分类群"等民间科普兴趣小组，希望把感动过我的东南亚植物和大家分享。

Q 在您的人生和事业中，对您触动最大的经历是什么？

2013年，我经历了一次印度尼西亚的烧芭事件。这是当地每年4月左右都会进行的一项传统活动，就像原始的刀耕火种一样。说是烧芭蕉树，其实是把成片的山上植物都烧掉。烧芭的直接影响是，印度尼西亚、新加坡和马来西亚连续两周雾霾非常严重，空气里到处都飘着灰烬。新加坡政府虽然也提出过抗议，但无济于事，因为现代的烧芭活动大部分都与土地投资者、地产商、地方政府的利益牵扯在一起，很难废除。

我当时非常心痛，不只是觉得生活受影响了，更痛心那些灰烬其实都是植物的尸体，我仿佛听到了植物的哀鸣，印度尼西亚被称为"万岛之国"，有着非常复杂的地形，被烧的那些山头上说不定就有一些特有种。那么宝贵的资源，一旦被烧，物种灭绝后，就再也无可挽回了。那些物种所携带的独特基因，也是我们人类永远都无法创造出来的。

经过那次事件后，我辞掉了自己在新加坡一个精密制造公司的工作，下定决心全力投入到植物引种保育事业中去。

芭蕉林

一种尚无中文名的杜鹃

Q 您对自己或周围的人、事，最满意和觉得需要改进的方面是什么？

最满意的是，现在我们中国人的环保意识发生了一些好的转变。比如在北京，人们从被迫接受雾霾，到有意识地去了解形成原因和解决问题。

我们现在的植物保育制度还有需要改进之处：就是只重视引种做业绩，轻视实质的保育。2013年我开始从事东南亚植物的引种回国内及保育工作，去年一年就引回来几百种植物。但一个人做这个事情势单力薄，做了一年多引种工作心力交瘁。而且，即使是争分夺秒引回来的活体植物，因为得不到比较科学的看护管理，植物只能活在引种记录里面。台湾地区以及国外的一些植物园甚至是个人的保育工作做得更好，我们需要向人家学习。

Q 您现在的事业，您觉得可以对自己、周围的人以及整个社会有什么样的影响？

对我自己来说，当然是尽可能保持低调。毕竟我正在做的事需要一定的保密性。而我通过在网上分享东南亚植物照片、普及植物知识，也带动了一批植物爱好者。比如"书生植物分类群"，它就像一条无形的线，将许多志同道合的人连接到了一起。

至于对整个社会的影响，我还在探索中。不过也渐渐觉得，要做到真正的保护，一定要与科学开发结合起来，要与经济挂钩，并以此作支撑。开发就是最好的保护，但必须有一批能够明辨是非的人进行调控。不然，那些宝贵的植物资源在后人真正意识到开发自然资源重要性的时候可能早被无情的资本给烧杀光了！国际上需要一批有良心的企业家来操控整个格局，这是目前我看到的能够真正解决人类需求与自然保护之间矛盾的唯一的办法。最可怕的不是植物的大规模采集，而是原生境的毁灭。完全的保护、丝毫不开发以及杀鸡取卵式的开发都是不可取的。

　　另外，从国际视野来看，中国的许多事业发展都存在产、学、研严重脱节的问题。比如，东南亚有一种红厚壳属的植物，具有治疗艾滋病的潜在能力，现在医学界已经有所突破，但由于各方面条件限制，临床上至今未有大的突破。自然是一座丰盛的宝库，人类可以从中获取很多财富和灵感，而只有产、学、研充分结合，才能得其径而入。

杨晓洋拟定中文名的植物之一：指唇姜

Q 如果有时间和条件去住两个月，您会选择哪里？

婆罗洲北部的沙捞越。我去过不止一次，每次在那里都乐不思蜀，因为每走一步都会发现从来没见过的植物。即便是已经很熟悉东南亚大概的植物类群，在那儿还是经常会被完全定不到科属的新植物打击自信。当然，这里面有很多植物还没有被植物学家发表的因素。

沙捞越

Q 如果只能带两件东西去浪迹天涯，您会带什么？

相机和标本夹。

Q 请用一种植物来比喻自己，并进行解释。

比喻自己的植物是"沉香"，因为它低调而有内涵。沉香的结香过程是充满苦楚与磨难的，需要经历物理的伤痛、蚁虫的撕咬，静默时空，沉寂百年，岁月的伤疤才能化成绝世的沉香，于幽林中默默地芳华众生。短暂的人生修炼又何尝不是如此。

沉香摆件

您最喜欢的3种植物是什么？为什么？或者它们有什么特性？

我没有最喜欢的，当然我有很熟悉的植物，比如猪笼草、姜花，但都并非专宠。我觉得众生是平等的，每一种植物经过时间的淘洗、岁月的沉淀、历史的历练，都是传奇。每一种植物都有其很了不起的地方。个人的偏爱，其实是很不客观的。

麦克法兰猪笼草 (*Nepenthes macfar-lanei*)

Q 您最想再次遇到或相见的人是谁，包括生者和死者？

我外祖母。我从3个月大到12岁一直跟着外祖母生活。童年在农村的经历，也为我的植物生涯作了启蒙。

Q 您最喜欢的音乐、电影、书籍有哪些？

音乐：小提琴合奏的《卡农》。这首曲子总能给我某种激励，给我一种无法形容的力量。

电影：《功夫熊猫》。很励志的片子，我最喜欢里面的一句话："Yesterday is history, tomorrow is mystery, but today is a gift. That's why it is called the present."（昨天是个历史，明天是个秘密，但今天是个礼物。——英文礼物和当下是同一个词）。

书籍：其实也没有最喜欢的，平常我看名人自传比较多。旁观别人的成功路线可以让自己少走很多弯路。我最近很喜欢《水果猎人》这本书，我也想利用自己的植物分类背景，写一本类似的书。

马来西亚云顶高原

Q 为了实现您的理想，您最需要的支持和帮助有哪些？

我希望搭建一些平台，让更多人接触和了解自然。特别是像很多城市里的孩子，他们从小就失掉了受自然教育的权利，也没有太多了解自然的途径。我希望大自然能成为人类美好关系的纽带，让每个人在大自然面前都可以回归孩童时的纯真。

马来白珠树（*Gaultheria malayana*）

后 记

　　这本书，最初我的定位是写成《东南亚水果图鉴》，只要是在东南亚看到的水果，都可以在这本书中找到。因此，我花费了大量的时间和精力在图片的拍摄和植物的鉴定上面，通常去野外考察几天回来可能也就是增加几张可以用的图片而已。因此，稿件也一拖再拖无法交稿，拖了将近一年的时候，跟编辑沟通，按照目前这个进度和写法，几年之后估计才可以写完，而且到时候会是一本很厚的书，因为东南亚的水果总数加起来少说有几百种，假设最后压缩到300种，每种图片加上故事和延伸，大概每种平均15张，这样算下来一本书要超过4500张图片，书的厚度也远远超过了最初的设想。于是及时调整，砍去了绝大多数相对而言比较普通的水果，从中挑选出最有意思的80～100种。大概整理之后发现，80种还是太多了，后面 还是大致先按照科学名顺序，根据页面数来选，于是就选出来了靠得比较靠前的37个小节，每个小节会尽可能多的精选一些相关的水果或者有关联的植物来"串门"，桑科、桃金娘科、芭蕉科等水果界常见且比较大的科这本书里还没有轮到，期待有机会再延续这个系列。

　　也许有的读者会感觉几十个小节读起来有些不够过瘾，这也正是原创科普困难的地方，原创科普需要作者至少几年的沉淀才能下笔，这本书最开始还想征集一些别人的图片，以弥补部分自己没拍到或者没拍好的图片的不足，后来想想，还是全部自己原创吧，大不了多爬几座山头，多被蚊虫叮咬那么几次，让编辑多等几个月。笔者历尽艰难多次出没于雨林及其他场所去拍摄这些植物照片，目的就是为了读者此时能读得畅快淋漓，如果还是看得不够过瘾，那就敬请期待下回分解。

　　因个人能力有限，时间仓促，书中肯定还存在不少疏漏和错误，如果有不准确的地方，还请各位多多包涵，给予斧正。

◆ 致 谢

这本书的问世，首先要感谢大自然，它给人类提供了无数宝贵的种质资源，还要感谢为了找到可供人类食用的植物资源勇敢尝试的"神农氏"们，没有他们的试吃，就没有如今琳琅满目的水果和生生不息的人类。此外，还要感谢为植物分类学发展做出贡献的前辈们，没有他们在基础学科上的无私贡献，就没有当今以植物分类学为基础衍生出来的各个学科及相关工作岗位。

尤其感谢给这本书直接或间接提供过支持和帮助的各个单位：新加坡植物园（Singapore Botanic Gardens）、新加坡滨海湾花园（Gardens by the Bay）、新加坡国家园林局（Singapore National Parks Board）、新加坡园艺园（Singapore HortPark）、印度尼西亚茂物植物园（Bogor Botanical Gardens）、马来西亚森林植物研究所（Forest Research Institute of Malaysia）、马来西亚农业发展研究所（Malaysian Agricultural Research and Development Institute）、槟城植物园（Penang Botanical Gardens）、槟城热带水果园（Penang Tropical Fruit Farm）、沙巴神山公园（Kota Kinabalu National Park）、马来西亚旅游局（Tourism Malaysia）、婆罗洲自然历史出版社（Natural History

Publications）、泰国诗丽吉王后植物园（Queen Sirikit Botanic Garden）、英国皇家植物园（The Royal Botanic Gardens，Kew）、美国密苏里植物园（Missouri Botanical Garden）等。

当然还要感谢中国科学院北京植物研究所、华南植物园园艺中心、华南植物研究所标本馆、昆明植物研究所、西双版纳植物园、上海辰山植物园、海南儋州两院植物园、深圳仙湖植物园、中山大学生命科学院、华南农业大学林学与风景园林学院、广州中医药大学等，笔者的成长离不开各大植物研究机构以及前辈们的帮助和支持。

感谢中科院植物研究所的刘冰博士，经常帮我解决鉴定上的一些"疑难杂症"，带我去荒无人烟的"雷区"长见识，并帮助审阅全书稿件。尤其要感谢中科院植物研究所的王文采院士，92岁高龄的王先生看到这本书稿，托林秦文博士给我回话："晚几天才可以给你。"然后王先生花了几天时间认真整理和对比总结，还亲笔为本书题序，这份认真的精神让人动容。感谢他的支持和鼓励，让我坚定了做好植物科普的信心，也希望自己可以早日完成东南亚水果所有类群的梳理工作，给王先生和关注这个领域的所有读者交一份满意的东南亚水果分类图鉴。

还要感谢一直给予我支持的家人，还有一帮默默支持我的朋友——肖民、梁占永、侯健、林艳萍等，当然还有帮我试吃无数水果的陆小仙儿。

当然还要感谢中国农业出版社的黄曦编辑，在本书写稿过程中她给予了我无限的容忍和帮助，没有她，这本书不可能这么快成稿面世。

最后，还要重点感谢每一位给我提供信息的水果猎人，每一位陪我在东南亚热带雨林里面探索的向导，他们的丰富经验和细致的帮助给了我充分的自由和安全，使我得以一次次顺利完成对当地植被尤其是水果资源的考察，感谢去到每个地方遇到的每位热心招待的朋友。感谢Ulie Rakhmawati 帮我拍摄了封面照片，感谢摄影师Scott G. Inskeep 帮助我记录了一些精彩的瞬间。

诚然，还有太多的朋友要感谢，我想感谢每一位曾经帮助过我的网友，有些是我认识的，还有更多是不认识的。在植物圈子的这些年，我接触到了很多拥有金子一般美好心灵的有趣灵魂：有的年过花甲，依然坚持植物科普；有的是银行高管，却依然定期脱去西装追寻山间野花的踪迹；有的著作等身，却平易近人，如师如父；有的潜伏在各大网络社群中，低调地为网友排忧解难；有的年纪轻轻，就已经造诣颇深，画得一手好画；有的游历世界，拍的照片如诗如画；有的擅长博物，还能刻一手好章；有的擅长说段子，在网络上让百万网友欲罢不能……因为对植物的热爱，我们走到了一起。

笔者从一个门外汉逐渐踏足植物分类学领域，离不开网友们的点滴帮助。曾经有过迷茫，但从未后悔过自己当初的选择。不忘初心，方得始终。有了你们的帮助和信任，我才可能坚定地在这条探索植物的道路上走下去。希望在有生之年，可以作为全世界华人的眼睛，多看几眼这个繁华而美丽的植物世界。

杨晓洋

参考文献

[1] 中国科学院中国植物志编辑委员会，中国植物志 [M]. 北京：科学出版社，1993：18.

[2] Wu ZY, Raven PH, Hong DY (1994-2013)，*Flora of China*. Science Press & Missouri Botanical Garden Press, Beijing & St. Louis.

[3] APG III (2009)，An update of the Angiosperm Phylogeny Group classification for the orders and families of flowering plants: APG III. *Botanical Journal of the Linnean Society*, 161, 105-121.

[4] Huang Hongwen(2016)，*Kiwifruit: The Genus ACTINIDIA*.Science Press，Beijing.

[5] Wong K.M.(2017),*The Genus SAURAUIA in Borneo*, Natural History Publications,Borneo,32-48.

[6] Shirasuka Y1, Nakajima K, Asakura T, Yamashita H, Yamamoto A, Hata S, Nagata S, Abo M, Sorimachi H, Abe K(2004), Neoculin as a new taste-modifying protein occurring in the fruit of Curculigo latifolia. *Biosci Biotechnol Biochemistry*.68(6):1403-7.

[7] Adam Leith Gollner(2008), *The Fruit Hunters*, Scribner, 1 Edition.

[8] N Zawiah,H Othaman(2012),*99 Spesies Buah di FRIM*, Gemilang Press Sdn Bhd,116-117.

[9] Salma Idris(2013),*DURIO OF MAYLAISIA*, Malaysian Agricultural Research and Development Institute(MARDI),13-16.

[10] Serudin Datu Setiawan Haji Tinggal(1992),*Brunei Darussalam fruits in Colour*, Universiti Brunei Darussalam, Bandar Seri Begawan,93-98.

[11] Sankaran M, Prakash J, Singh NP, Suklabaidya.(2006),Wild edible fruit of Tripura. *Natural Product Radiance* ,302-305.

[12] Milow, P., Malek, S. B., Edo, J., & Ong, H. C. (2014). Malaysian species of plants with edible fruits or seeds and their valuation. *International Journal of Fruit Science*, 14(1), 1–27.

[13] Peters, R. E., Lee, T. H., (1977).Composition and Physiology of Monstera deliciosa fruit and juice. *Journal of Food Science*, 42, 1132–1133.

[14] Nilugin S.E and Mahendran T.(2010), PREPARATION OF READY-TO-SERVE (RTS) BEVERAGE FROM PALMYRAH (Borassus flabellifer L.) FRUIT PULP. *The Journal of Agricultural Sciences* ,1-10.

[15] Okafor, J.C.(1980). Edible indigenous woody plants in the rural economy of the Nigerian forest zone. *Forest Ecology and Management*, 3: 45-65.

[16] Johnson DV (1983), Multipurpose palms in agroforestry: a classification and assessment. *Int'l Tree Crops* Journal 2: 217–244.

[17] Samson J.A.(1980),*Tropical fruits*,Longman Group Ltd.London

[18] Chew L.Y, Nagendra Prasad K. ,Amin I, Azrina A. and Lau C.Y.(2011), Nutritional composition and antioxidant properties of Canarium odontophyllum Miq. (dabai) fruits, *Journal of Food Composition and Analysis*,V24,Issues 4-5,670-677.

[19] Elhadi M. Yahia and Carmen Sáenz,(2017), Cactus Pear Fruit and Cladodes, *Fruit and Vegetable Phytochemicals*, 941-956.

[20] Sogand Zareisedehizadeh, Chay-Hoon Tan and Hwee-Ling Koh.(2014),A Review of Botanical Characteristics, Traditional Usage, Chemical Components, Pharmacological Activities, and Safety of Pereskia bleo (Kunth) DC. *Evidence-Based Complementary and Alternative Medicine*,Volume 2014,1-11.

[21] Mehta P.S.,Negi K.S.and Ojha S.N.(2010), Native plant genetic resources and traditional foods of Uttarakhand Himalaya for sustainable food security and livelihood, *Indian Journal of Natural Products and Resources (IJNPR)*,Vol.1(1),89-96.

[22] Rafael Lira and Javier Caballero.(2002),Ethnobotany of the Wild Mexican Cucurbitaceae,*Economic Botany*,56(4):380-398.

23] Rahman, A.H.M.M., Anisuzzaman, M., Ahmed, F., Islam, A. K. M. R. and Naderuzzaman, A. T. M. (2008a): Study of Nutritive Value and Medicinal Uses of Cultivated Cucurbits. *Journal of Applied Sciences Research*. 4(5): 555-558.

[24] Adrian J Parr, Keith W Waldron ,Annie Ng, Mary L Parker,(1996), The Wall   Bound Phenolics of Chinese Water Chestnut (Eleocharis dulcis),*Journal of the Science of Food and Agriculture*.Volume 71,Issue 4,501-507.

[25] Chua-Barcelo, R. T. (2014). Ethno–botanical survey of edible wild fruits in Benguet, Cordillera administrative region, the Philippines. *Asian Pacific Journal of Tropical Biomedicine*, 4(Suppl 1), 525–538.

[26] Coronel RE (1992) Diospyros blancoi A. DC. In: Coronel RE, Verheij EWM (eds.) Plant resources of South-East Asia No. 2: edible fruits and nuts. *Prosea Foundation*, Bogor, pp 151–152.

[27] Kennard WC, Winters HF (1960) Some fruits and nuts for the tropics. *USDA Agric Res* Serv Misc Publ 801:1–135.

[28] Wong KC, Zul Rusdi NHN, Chee SG (1997) Volatile constituents of Diospyros blancoi DC. fruit. *Journal of Essent Oil Research* 9(6):699–702.

[29] Robert E. Woodson, Jr., Robert W. Schery and F. White,(1978), Flora of Panama. Part VIII. Family 155. Ebenaceae, *Annals of the Missouri Botanical Garden* Vol. 65, No. 1,145-154.

[30] Badhwar, R. K. and Fernandes, R. R.(1964),*Edible wild plants of Himalaya*, New Delhi: BPK Publications.

正在结果的榴莲树